イラスト図解満載

情報セキュリティの基礎知識

中村行宏、四柳勝利、田篭照博、黒澤元博、
林憲明、佐々木伸彦、矢野淳、伊藤剛

技術評論社

本書に記載された内容は、情報の提供のみを目的としています。したがって、本書を用いた開発、製作、運用は、必ずお客様自身の責任と判断によって行ってください。これらの情報による開発、製作、運用の結果について、技術評論社および著者はいかなる責任も負いません。

　本書記載の情報は、2017年1月現在のものを掲載していますので、ご利用時には、変更されている場合もあります。また、ソフトウェアに関する記述は、特に断わりのないかぎり、2017年1月時点での最新バージョンを元にしています。ソフトウェアはバージョンアップされる場合があり、本書での説明とは機能内容などが異なってしまうこともあり得ます。本書ご購入の前に、必ずバージョン番号などをご確認ください。

　以上の注意事項をご承諾いただいたうえで、本書をご利用願います。これらの注意事項をお読みいただかずに、お問い合わせいただいても、技術評論社および著者は対処しかねます。あらかじめ、ご承知おきください。

　本文中に記載されている会社名、製品名などは、各社の登録商標または商標、商品名です。会社名、製品名については、本文中では、™、©、®マークなどは表示しておりません。

はじめに

ITの進化が日常生活を豊かに

IT（Information Technology）革命が世の中に浸透した現在、特別にパソコンの知識がなくても、インターネットショッピング、スマートフォン、SNS（Social Networking Service）、電子マネー、インターネットバンキングなど、さまざまなところでITの恩恵を受けられます。

ITと聞くと、敷居が高く、難解だというイメージをもつ人もいるようですが、意外とそうではありません。以前、知人のITエンジニアが、「ITは、インフォメーションテクノロジーではなく、インフォメーション手作業（Information Tesagyo）だよ」と話してくれたことがありました。そのとき、大きく頷いたことをよく覚えています。

テレビのCMなどを見ると、IT業界は華やかで、常に最先端の技術を扱っているように思われますが、淡々と単純作業をこなすだけであったり、古い技術をいまだに使って泥臭い作業を行ったりすることも多々あります。その小さな手作業のひとつひとつの積み重ねがあってこそ、「IT生活」を謳歌できるのです。

情報資産を守るためには情報セキュリティが必要

ITは非常に身近なものであり、その進化が我々の日常生活を豊かにしていますが、その一方で、注意しなければならないこともあります。ITの進化とともに、サイバー犯罪者による攻撃も多様化・高度化しており、企業はもちろん、個人も被害を受けないように気をつけなければなりません。日常生活でも、窓やドアの施錠を忘れると、空き巣にあう危険があります。同様に、サイバー攻撃について無知なまま、何も対策をしていないと、ある日突然重要な情報を盗まれたり、金銭的な被害を受けたりといったことがあり得るのです。

そういった被害を受けないようにするには、どのような攻撃があるのか、それに対してどのように対策すべきかを知る必要があります。犯罪から身を守るためには企業や個人に関係なく防犯の基本知識が求められます。同様に、ITや情報セキュリティにまったく関わりがなくても、サイバー攻撃から貴重な情報資産を守るために、情報セキュリティの基本を理解する必要があります。

本書について

　本書は、情報セキュリティの基本について解説した書籍です。情報セキュリティ業界のトップランナーが集まり、情報セキュリティに初めて触れる方、何となく知っているけどこれからきちんと学びたい方に向けて、図を交えてやさしく解説しています。学生、新卒、社会人などどのような立場にあっても「情報セキュリティ」について知りたいと思った方には、本書がお役に立つでしょう。「安全かつ快適なIT生活」を送るためにも、ぜひご一読ください。

　本書は、13のChapterにより、情報セキュリティに関して知っておきたいことを網羅しています。Chapter 1から順番に読んでも、目次を見て気になるChapterから読んでもかまいません。本書はあくまで基本を解説した書籍であり、情報セキュリティの入門書の位置付けです。本書のあとにもっと情報セキュリティについて知りたくなったときには、より専門的な書籍に進んでいただければと思います。

最近のサイバー犯罪の傾向と防御策

　最近、企業や個人を問わず、身代金を要求するランサムウェアの被害が目立っています。ランサムウェアもマルウェアの一種であることに変わりはなく、既知のマルウェアであればウイルス対策ソフトで防御できます。しかし、IT技術が日進月歩で進化するなか、日々増えていく未知のマルウェアをシステムで防ぐことが難しくなってきています。

　「情報セキュリティ」のすべてを網羅し、システムで完全に防御するのは非常に難しいのが現状です。時間と費用に余裕があれば、複数の技術により多層防御を実施し、情報セキュリティ教育・情報共有の徹底を図ることが理想です。ただ、現実は理想どおりにはなりません。何を守るべきか、被害があったときにどのような影響があるかを検討し、優先順位を付けてできることから1つずつ防御力を上げていくことをお勧めします。

はじめに

情報セキュリティ業界を目指す人に

　ここ数年、情報セキュリティ人材の不足が叫ばれています。あるアンケート調査によると、多くの企業が「不足」と認識していながらも、人材の増強が行われていないようです。情報セキュリティ人材の育成・確保には、時間と費用が必須です。一朝一夕には、この問題は解決できません。今こそ、長期的な戦略を立案・実行し、情報セキュリティ人材を増強すべきときと考えています。

　情報セキュリティの人材育成に際しては、個人の適性（長所）を鑑みて、最初に、ベースとなる適性スキルを伸ばすことが必要です。ベースとなるスキルには次のようなものがあります。

- OS（Windows/Unix/Linux/OS X）
- ネットワーク
- データベース
- プログラミング
- インシデントレスポンス（デジタルフォレンジック）
- マルウェア解析

　情報セキュリティに関わりたい人は、これらの知識やスキルを伸ばすように取り組んでいけばよいでしょう。

　また、情報セキュリティ人材には外国語のスキルが欠かせません。特に、英語は、情報収集やコミュニケーションに必須です。最先端の情報は英語で記述されており、セキュリティカンファレンスでも英語が公用語になっています。さらに第3外国語を習得しておくと、サイバー犯罪者がうごめく深層Webと呼ばれるアンダーグラウンドの世界の情報を入手しやすくなります。

　最後に、本書が何らかの形で読者の方の助けになることを願っております。

2017年2月
著者一同

CONTENTS

はじめに ………………………………………………………………… iii

Chapter 1　情報セキュリティとは …………………………………… 1

1-1　情報セキュリティを確保するために
事前対策と事後対策 ………………………………………………… 2
セキュリティインシデントを予防する事前対策／
セキュリティインシデントに対応する事後対策

1-2　情報セキュリティにおける
脅威と脆弱性 ………………………………………………………… 5
守るべき情報資産／情報資産を脅かす脅威／
脅威に狙われる脆弱性／脅威と脆弱性に対応する

Chapter 2　最新技術を取り巻くセキュリティのリスク ……………… 9

2-1　マルウェア、情報漏洩に注意
スマートフォン・タブレット ……………………………………… 10
スマートフォン・タブレットを狙うマルウェア／
スマートフォン・タブレットからの情報漏洩／
スマートフォン・タブレットをきちんと管理しよう

2-2　なりすましやプライバシー侵害などのおそれ
SNS …………………………………………………………………… 13
アカウントを乗っ取って他人になりすます／プライバシーの侵害のおそれ

2-3　便利だけど管理しないと危険
クラウド ……………………………………………………………… 16
クラウドとは／クラウドにおけるセキュリティの課題

2-4　あらゆるものがつながる世界のリスク
IoT ……………………………………………………………………… 20
IoTとは／IoTがもたらす脅威／IoTに対するセキュリティ対策

Chapter 3　情報セキュリティを理解するために知っておきたい技術① … 23

3-1　ネットワークの基本
プロトコル（通信規約） …………………………………………… 24
プロトコルとは／プロトコルの階層化／OSI参照モデル

3-2 インターネットの標準プロトコル
TCP/IP ……………………………………………………… 27
TCP/IPとは／TCP/IP階層モデル／
個別の宛先にデータを届けるIP（インターネット層）／
データ伝送を制御するTCP/UDP（トランスポート層）

3-3 IPアドレスとドメイン名を結び付ける
DNS …………………………………………………………… 31
DNSとは／ドメイン名の構造を理解しよう／
DNSによる名前解決のしくみ／
DNSコンテンツサーバとDNSキャッシュサーバ／
DNSのレコード／DNSの脆弱性を狙う攻撃

3-4 メールを送信・受信する
SMTP、POP、IMAP ………………………………………… 39
メールのしくみ／メールのメッセージ／
SMTPにまつわるセキュリティ上の脅威

3-5 Webサイトへのアクセスを実現
HTTP ………………………………………………………… 43
HTTPとは／Webアプリケーションのしくみ／セッション管理のしくみ

Chapter 4　情報セキュリティを理解するために知っておきたい技術② …… 47

4-1 暗号化した遠隔ログイン
SSH …………………………………………………………… 48
サーバとの通信を暗号化する／SSHの脅威と対策／
SSHポートフォワーディング

4-2 不正アクセスを検知・ブロックする
IDS/IPS ……………………………………………………… 52
IDS/IPSとは／ネットワーク型とホスト型／シグネチャ型とアノマリ型／
フォールスネガティブ（偽陰性）とフォールスポジティブ（偽陽性）

4-3 Webアプリケーションのファイアウォール
WAF …………………………………………………………… 56
WAFとは／HTTPリクエストとHTTPレスポンスの検査／
ブラックリスト方式とホワイトリスト方式

Chapter 5　パスワードを理解する ……………………………… 59

5-1 サービスなどを利用する権利
アカウント …………………………………………………… 60
アカウントとは

vii

CONTENTS

5-2 認証機能を強化する
生体認証／ワンタイムパスワード ……………………… 62
複数の要素で認証を行う二要素認証／
人間の身体的特徴を利用する生体認証／1回限りのワンタイムパスワード

5-3 パスワードは狙われている
パスワード攻撃 …………………………………………… 65
パスワードを狙うパスワード攻撃の種類／パスワード攻撃への対策

Chapter 6 暗号の基本を理解する …………………………… 69

6-1 データの内容を読み取られないようにする
暗号化 ……………………………………………………… 70
誰でも内容を見ることができる平文／
データの内容を秘密にするための暗号化／
重要なのは暗号化アルゴリズムと鍵／
暗号化したデータを元に戻す復号

6-2 暗号化と復号に同じ鍵を用いる
共通鍵暗号 ………………………………………………… 74
共通鍵暗号とは／代表的な共通鍵暗号

6-3 暗号化と復号に異なる鍵を使う
公開鍵暗号 ………………………………………………… 79
公開鍵暗号とは／代表的な公開鍵暗号

6-4 送信前と送信後のデータを確認する
ハッシュ関数 ……………………………………………… 85
ハッシュ関数とは／ハッシュ値の弱衝突耐性と強衝突耐性／
代表的なハッシュ関数

Chapter 7 暗号を利用する技術 ……………………………… 89

7-1 正しい人物を識別する
認証 ………………………………………………………… 90
認証とは／電子証明書とは／電子証明書と公開鍵暗号／PKIとは

7-2 インターネット上で通信を暗号化する
SSL/TLS …………………………………………………… 95
SSLとは／TLSとは／SSL/TLSの用途／
SSLサーバ証明書／SSLクライアント証明書

7-3 HTTP通信を暗号化する
HTTPS ……………………………………………………… 99

HTTPSとは／HTTPSにまつわるセキュリティ上の脅威／
EV SSLサーバ証明書／中間者攻撃

7-4 仮想的な専用ネットワークを実現する
インターネットVPN 106
インターネットVPNとは／IPsec-VPNとは／SSL-VPNとは

7-5 無線LANを暗号化する
WEP、WPA、WPA2 111
無線LANとWi-Fi／無線LANがつながるしくみ／
無線LANにまつわるセキュリティ上の脅威／
脆弱性が発見されたWEP／WPA／WPA2／
無線LANの危険を回避するために

Chapter 8 サイバー攻撃のしくみ① 119

8-1 デジタル資産を釣り上げる
フィッシング詐欺① 120
フィッシング詐欺の分類／フィッシング詐欺全般に共通する特徴

8-2 巧妙化する手口
フィッシング詐欺② 125
秘密情報を聞き出すスピアフィッシング／
経営幹部へのビジネスメール詐欺（BEC）で狙うホエーリング／
音声案内で詐欺サイトへ誘導するビッシング／
SMSで詐欺サイトへ誘導するスミッシング／
不正な種（しかけ）を撒くファーミング／
偽のアクセスポイントで誘導するWiフィッシング／
マルウェアと組み合わせたフィッシング詐欺の手口

8-3 不正に侵入しデータを破壊する
Webサイトの改ざん 134
Webサイトの改ざんとは／
動機によるWebサイトの改ざんの分類／
攻撃基盤の構築：違法なコンテンツ配信／
攻撃基盤の構築：踏み台としての悪用／
デジタル資産／機密情報の窃盗

8-4 マルウェアをしかけて標的を待つ
水飲み場型攻撃 141
水飲み場型攻撃とは／水飲み場型攻撃の実行に至るまでのプロセス

8-5 攻撃のための下調べ
ポートスキャン 144
ポートスキャンとは／ポートとは／ポートスキャンの方法

CONTENTS

Chapter 9 サイバー攻撃のしくみ② ... 149

9-1 欠陥を悪用してこじ開ける
エクスプロイト ... 150

エクスプロイトとは／エクスプロイトコードとペイロード／
エクスプロイトの種類／エクスプロイトキットを活用した攻撃／
エクスプロイトを防ぐために必要なセキュリティ対策

9-2 不正侵入の扉を設置する
バックドア ... 157

バックドアとは／RATとは／
バックドアやRAT感染を防ぐために必要なセキュリティ対策

9-3 対策がない期間を狙う
ゼロデイ攻撃 ... 162

ゼロデイ攻撃とは／ゼロデイ攻撃の恐怖／
ゼロデイ攻撃を防ぐために必要なセキュリティ対策

9-4 メモリ領域のあふれを悪用する
バッファオーバーフロー ... 168

バッファオーバーフローとは／
バッファオーバーフローが発生する原因／
バッファオーバーフローの悪用／
バッファオーバーフローを起こさないための対策

9-5 データベースを不正に操作する
SQLインジェクション ... 173

SQLインジェクションとは／SQLインジェクションの脅威／
SQLインジェクションのしくみ／
SQLインジェクションを防ぐためのセキュリティ対策

9-6 Webアプリケーションの脆弱性を悪用する
クロスサイトスクリプティング ... 179

クロスサイトスクリプティングとは／
クロスサイトスクリプティングの脅威／
クロスサイトスクリプティングの種類／
クロスサイトスクリプティングを防ぐためのセキュリティ対策

9-7 大量のデータを送りつける
DoS攻撃 ... 186

DoS攻撃とは／フラッド攻撃／エクスプロイト攻撃タイプ／
DoS攻撃を防ぐためのセキュリティ対策

9-8 分散してDoS攻撃をしかける
DDoS攻撃 ... 191

DDoS攻撃とは／エージェント型のDDoS攻撃／
リフレクト型（反射型）のDDoS攻撃／

DDoS攻撃を防ぐためのセキュリティ対策

9-9 攻撃を拡散する
ボット、ボットネット、C&Cサーバ……………………**197**
　　　　ボット、ボットネットとは／C&Cサーバとは／
　　　　ボットネットの目的／ボット感染の原因／
　　　　ボット感染を防ぐためのセキュリティ対策

Chapter 10　マルウェア、ウイルス、ランサムウェア……**201**

10-1 オフィスソフトのマクロを悪用する
マクロウイルス……………………………………………**202**
　　　　マクロウイルスとは

10-2 便利なソフトに見せかける
トロイの木馬………………………………………………**204**
　　　　トロイの木馬とは

10-3 複製と感染を繰り返す
ワーム………………………………………………………**206**
　　　　ワームとは

10-4 身代金を狙う
ランサムウェア……………………………………………**208**
　　　　ランサムウェアとは／ランサムウェアに感染したときの対応策

10-5 感染しないために
マルウェア対策……………………………………………**210**
　　　　マルウェアに感染しないためには

Chapter 11　脆弱性は何が危ないのか……**213**

11-1 セキュリティ上のリスクにつながる
脆弱性………………………………………………………**214**
　　　　脆弱性（セキュリティホール）とは／セキュリティパッチとは／
　　　　脆弱性を識別するCVE／日本で脆弱性情報を提供するJVN

11-2 脆弱性の有無を調べる
セキュリティ診断…………………………………………**219**
　　　　セキュリティ診断とは／セキュリティ診断のタイプ／
　　　　セキュリティ診断の対象／脆弱性診断とは／
　　　　ペネトレーションテストとは

CONTENTS

11-3 脆弱性の危険度を表す
CVSS ……………………………………………… 228
CVSSとは／CVSSの活用方法／CVSSスコアの問題

11-4 セキュリティインシデントを防ぐために
脆弱性への対応 ……………………………… 235
定期的なセキュリティパッチの適用／
セキュリティパッチの緊急度の判断／
セキュリティパッチを適用するタイミング

Chapter 12 インシデントに対応するために ……… 241

12-1 被害を最小限にするための組織
CSIRT …………………………………………… 242
CSIRTとは／CSIRTの活動／CSIRTの組織内での役割とメリット／
ヒヤリハット／CSIRTの構築のポイント

12-2 インシデントの発生から事後対応まで
インシデントレスポンス ……………………… 248
レスポンス、ハンドリング、マネジメント／
対応の全体図／インシデント対応のフロー

12-3 デジタル鑑識
デジタルフォレンジック ……………………… 255
デジタルフォレンジックとは／
デジタルフォレンジックを例えると？／
デジタルフォレンジックの際に注意すべき点／
デジタルフォレンジックを行うのは誰？／
すべてのインシデントにデジタルフォレンジックが必要？

Chapter 13 セキュリティ対策のしおり ……………… 259

13-1 どこに配置するかが重要
ファイアウォールとIDS/IPS ………………… 260
ファイアウォールとは／ファイアウォールとDMZ／IDS/IPSの配置

13-2 複数の手段で守りを固める
多層防御 ………………………………………… 264
多層防御のススメ／開発時のセキュリティ対策

付録：参考資料 ……………………………………… 268
INDEX ………………………………………………… 271
著者プロフィール …………………………………… 274

Chapter 1
情報セキュリティとは

デジタル化が加速する現代において、情報セキュリティは必須です。それは、法人だけではなく、個人にも該当します。パソコン、写真、文書、スマートフォン、テレビ、電子メール、さらには、エアコン、冷蔵庫などの白物家電にもデジタル化の波が押し寄せています。それに伴い、情報セキュリティの必要性や重要性が増しています。

1-1 情報セキュリティを確保するために
事前対策と事後対策

1-2 情報セキュリティにおける
脅威と脆弱性

Chapter 1 情報セキュリティとは

1-1 情報セキュリティを確保するために

事前対策と事後対策

keyword

ウイルス対策ソフト……P.210、セキュリティパッチ……P.215、
ファイアウォール……P.260、バックドア……P.157、ボット……P.197、
C&Cサーバ……P.197、マルウェア……P.201、ランサムウェア……P.208、
脆弱性……P.214、インシデントレスポンス……P.248、
デジタルフォレンジック……P.255、CSIRT……P.242

「情報セキュリティ」とは、パソコンやインターネットを利用する中で、大切な情報が漏洩したり、破壊されたりしないようにすることです。情報セキュリティを脅かす不正アクセスやウイルス攻撃などを「セキュリティインシデント」といいます。

セキュリティインシデントが発生しないようにするには、「情報セキュリティ対策」が必要です。情報セキュリティ対策は、2つに大別できます。1つは「事前対策」であり、もう1つは「事後対策」です。事前対策は「予防」、事後対策は「対応」になります。

セキュリティインシデントを予防する事前対策

時間と費用があれば至上の予防策を実施できますが、現実的には難しいところです。そこで、時間と費用の許す範囲内で、効果的な予防策を講じます。具体的には、ウイルス対策ソフト、セキュリティパッチの適用（ソフトウェアのバージョンアップも含む）、ファイアウォールなどがあります。図1-1-1に、インターネットを利用する環境には情報セキュリティ上どのような脅威があるかをまとめます。

1-1 事前対策と事後対策

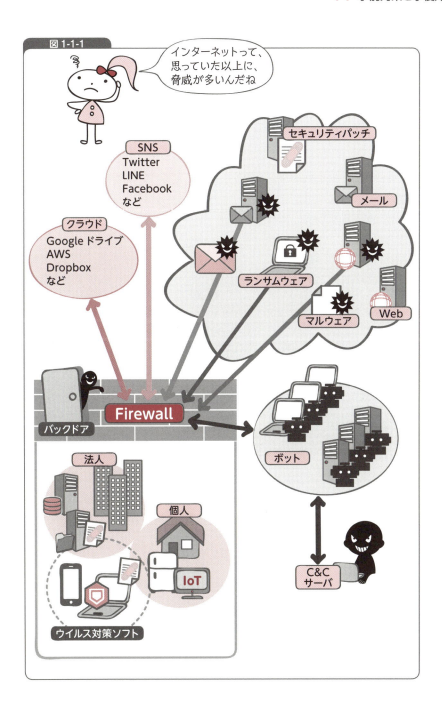

図1-1-1

ウイルス対策ソフトは、法人、個人ともにほぼ普及しています。パターンファイルをきちんと更新することが重要です。

セキュリティパッチの適用は、企業の規模や個人のセキュリティへの危機感の違いによって、温度差があります。セキュリティパッチを適用しないと脆弱性を放置することになるため、注意が必要です。

ファイアウォールは、法人ではほとんどが導入しています。ただし、設定の不備や脆弱性の存在する古い機器（バージョン）を継続使用している場合など、セキュリティ上好ましくない状況も見受けられます。個人では、ウイルス対策ソフトに同梱されているパーソナルファイアウォールを利用できます。

セキュリティインシデントに対応する事後対策

法人では、ウイルスに感染したりサイバー攻撃を受けたりしたときに、何が起きたのかを詳しく調査し、被害から復旧するための活動を行います。この活動をインシデントレスポンスといいます。また、場合によっては、パソコンなどを詳しく調査し、法律的な証拠を取得するために、デジタルフォレンジックを実施します。

インシデントレスポンスやデジタルフォレンジックは、社外に対応を依頼する場合もあれば、社内で対応する場合もあります。後者の場合、社内にCSIRT（Computer Security Incident Response Team、「シーサート」と読む）と呼ばれるチームを組織し、CSIRTのメンバーが、サーバ、クライアントなどに残された不審なログの解析やマルウェアの検知などを実施します。

個人の場合には、ウイルス対策ソフトを最新状態にして、全スキャンを実行します。そして、パソコンやネットワークにログインするパスワードを変更します。さらに、メール、SNS、インターネットバンキングなどのパスワードも同様です。その後、OSやアプリケーションをすべて最新の状態にアップデートします。

1-2 情報セキュリティにおける 脅威と脆弱性

keyword
マルウェア……P.201、ランサムウェア……P.208、
セキュリティパッチ……P.215、ファイアウォール……P.260、
脆弱性……P.214、バックドア……P.157

　セキュリティインシデントは、「脅威」が「脆弱性」を突くことで発生します。発生すると、「情報資産」が損なわれるといった被害を受けます。

守るべき情報資産

　情報セキュリティの目的は情報資産を守ることです。法人および個人はさまざまな情報資産をもっています。

- 情報システム
- ネットワーク
- ハードウェア：パソコン、サーバ、通信機器など
- ソフトウェア：OS、アプリケーションなど
- データ：財務情報、経営情報、顧客情報（個人情報）、技術情報など

情報資産を脅かす脅威

　情報資産に対しては常に脅威が存在します。たとえば、インターネットバンキングで口座のお金を盗まれる、インターネットショッピングで個人情報やクレジットカード番号などが盗まれるといった可能性があります。企業の情報システムが不正アクセスやウイルスなどの攻撃を受けると、システム内の重要情報を盗まれたり、システムを破壊されたりする可能性があります。

Chapter 1 情報セキュリティとは

つまり、脅威とは、情報資産に対して何らかの損害を与える可能性のことです。

- **外的脅威**：ウイルス、マルウェア、ランサムウェア、不正アクセスなど
- **内的脅威**：モラルの欠如（SNSでの誹謗中傷、非道徳的な従業員や上司の言動など）

外的脅威には、前節で説明したウイルス対策ソフト、セキュリティパッチの適用、ファイアウォールなどの対策が必要です。

内的脅威に対しては、「教育」が必要です。情報セキュリティの重要性、個人のモラルの欠如がセキュリティインシデントを招くことを理解させる必要があります。企業では、内的脅威への対策として定期的にモラル向上トレーニングなどを行います。

脅威に狙われる脆弱性

脅威が存在していても、十分な対策が行われていればセキュリティインシデントは発生しません。しかし、窓に鍵があってもきちんと施錠していなければ、泥棒に侵入されてしまいます。このように、脅威に狙われるとセキュリティインシデントへつながるような弱点のことを脆弱性といいます。

脆弱性の具体的な例として、ソフトウェアの欠陥（バグ）があります。

- OS：Windows、Unix/Linux、OS X、iOS、Androidなど
- アプリケーション：Java、Adobe Reader/Flash、Apache、Struts、Oracle、Office製品、Webブラウザなど
- ファームウェア：BIOS（Basic Input/Output System）、UEFI[注1]（Unified Extensible Firmware Interface）

[注1] 厳密にはファームウェアではなく、OSとファームウェアの間のインターフェースを定義する仕様のこと。

ソフトウェアのバグを放置したままにすると、情報システムに侵入口となるバックドア（裏口）を開けることになります。脆弱性をなくすための対処が必要です。

　OSやアプリケーションなどのソフトウェアについては、バグを修正するためのセキュリティパッチが定期的に公開されるため、適宜これを適用することが推奨されます。

　ただし、本番環境で稼働中のシステムにセキュリティパッチを適用すると、システムの停止や誤作動を引き起こし、業務に悪影響を及ぼすことも考えられます。セキュリティパッチの適用に関しては、事前に十分な検証を行ってから、業務に影響が出ないように計画的に適用を進める必要があります。

　また、ソフトウェアのバージョンアップも重要です。OSやアプリケーションには賞味期限があり、ベンダーがサポートを終了すると、セキュリティパッチが提供されません。バージョンアップについても、システムの運用・更新計画の中で定期的に実施していく必要があります。

脅威と脆弱性に対応する

　情報セキュリティを確保するには、脅威と脆弱性を放置せずに、対応が必要です（図1-2-1）。ただし、すべての脅威や脆弱性に、即時に対応することはできません。対応には時間と費用がかかります。情報資産に対してどのような脅威があるか、システム上にはどのような脆弱性があるかを洗い出し、セキュリティインシデントにつながりやすいか、インシデントが発生したときの損害の大きさなどから優先順位を設定し、順に対応していきます。発生の可能性が極めて低く、発生時の被害も極めて小さければ、許容するという対応方法もあります。

Chapter 1 情報セキュリティとは

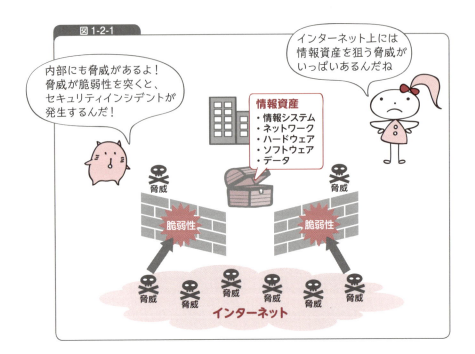

 情報セキュリティ＝機密性、完全性、可用性を維持すること

　情報セキュリティを確保するために、技術的な対策を行うだけでなく、必要なセキュリティレベルを決めてそれを維持し、改善していくことを「情報セキュリティマネジメント」、そのための体制やシステムを「情報セキュリティマネジメントシステム（ISMS）」といいます。

　ISMSの国際標準では、情報セキュリティを「情報の機密性、完全性、可用性を維持すること」と定義しています。

　「機密性（Confidentiality）」は、認可されていない個人などに対して、情報を使用させず、また、開示しない特性です。

　「完全性（Integrity）」は、正確さと完全さを示す特性です。

　「可用性（Availability）」は、認可された個人などが要求したときに、アクセスや使用が可能である特性を指します。

　機密性、完全性、可用性は、「情報セキュリティの3大要素」といいます。また、その頭文字をとって「情報セキュリティのCIA」とも呼ばれます。

Chapter 2

最新技術を取り巻く セキュリティのリスク

IT技術は日進月歩で進化し、便利な技術は瞬く間に普及して広く利用されるようになります。本Chapterでは、そうした最新技術を取り上げ、セキュリティ上どのようなリスクがあるかを見ていきます。

- **2-1** マルウェア、情報漏洩に注意
  スマートフォン・タブレット
- **2-2** なりすましやプライバシー侵害などのおそれ
  SNS
- **2-3** 便利だけど管理しないと危険
  クラウド
- **2-4** あらゆるものがつながる世界のリスク
  IoT

Chapter 2 最新技術を取り巻くセキュリティのリスク

2-1 マルウェア、情報漏洩に注意
スマートフォン・タブレット

keyword

マルウェア……P.201、ウイルス対策ソフト……P.210

スマートフォン・タブレットを狙うマルウェア

「スマートフォン」や「タブレット」の急速な普及とともに、スマートフォンやタブレットを狙ったウイルスも数多く発生しています。特にAndroid携帯は比較的アプリケーションの配布が自由に行われているため、提供元が不明のアプリケーションからマルウェアに感染するケースが多発しており、注意が必要です。ウイルス対策ソフトのインストールをはじめ、適切な対策をとることが重要です。

スマートフォン・タブレットからの情報漏洩

最近ではモバイル端末向けのアプリケーションが数多く開発されており、スマートフォンやタブレットは日常生活だけでなく仕事でも不可欠なデバイスとなっています。パソコンと同じように社内の重要なデータを閲覧できるだけでなく、保存できることにも十分に注意しなければなりません。

また、スマートフォンやタブレットは新しいモデルへの買い替えもパソコンより頻度が高い傾向にあります。買い替え時にはデバイスに残るデータについても十分な注意が必要です。デバイス上でデータを削除すると保存先（ハードディスクなど）ではそのデータに削除フラグが付けられ、OSはそのデータが削除されたと認識しますが、実際には保存先にデータが残っている状態になります（図2-1-1）。ツールなどを使えばそのデータを復元できる可能性があるため、復元できないように専用のソフトウェア

を利用して完全に削除するなどの対策をとる必要があります。

図 2-1-1

スマートフォン・タブレットをきちんと管理しよう

　スマートフォン・タブレットから社内の情報システムを利用する機会が増えています。たとえば、社内のメール、業務システム上のデータや顧客情報にアクセスすることがあるでしょう。このような場合、閲覧したデータがデバイス上に保存される可能性があることを認識しなければなりません。

　また、スマートフォン・タブレットは、外部にパソコンをもち出すときと同様に、紛失や盗難などのリスクがあることを前提に管理することが必要です。対策として、モバイルデバイスを管理する「MDM（Mobile Device Management）」というシステムの導入があります（図 2-1-2）。MDMには、次のような機能があります。

- モバイルデバイス上のアプリケーションの利用を制限する。
- メールなどのデータがデバイス上のキャッシュに保存される期間を制限する。
- デバイスを紛失した場合に、コマンドを送信してデバイス上のデータを削除する。

　MDMを利用することで、モバイルデバイスの導入、利用、紛失、返却までをライフサイクルとして管理することができます。

図 2-1-2

2-2 SNS

なりすましやプライバシー侵害などのおそれ

SNS

keyword

アカウント……P.60、認証……P.90、二要素認証……P.62

　Facebook、Twitter、LINEなどの「SNS（Social Networking Service）」はインターネット上で人と人の間にネットワークを構築するツールとして、世界中で多くの人が利用しています。また、スマートフォンから容易にアクセスできるため、電話やメール以上に便利なコミュニケーションツールになっています。

アカウントを乗っ取って他人になりすます

　ネットワーク上ではお互い相手の顔が見えません。SNS上のユーザはプロフィールや実際にやりとりする内容から相手を信頼してコミュニケーションをとることになります。

　SNSのユーザはアカウントとパスワードで識別されます。そのため、アカウントとパスワードが漏れると、アカウントが簡単に乗っ取られてしまいます。アカウントが乗っ取られると、やりとりの内容を覗き見られるだけでなく、そのアカウントのユーザになりすまし、不適切な行動をとられたりといったことができてしまいます（図2-2-1）。有名芸能人のアカウントが乗っ取られた事件もありました。

Chapter 2　最新技術を取り巻くセキュリティのリスク

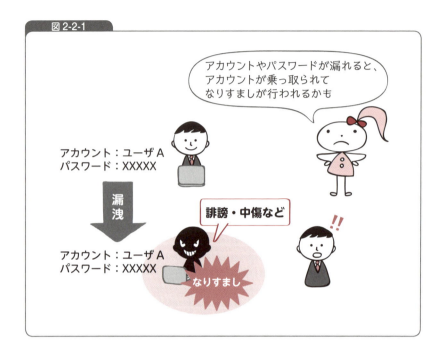

図 2-2-1

　SNSでは、認証によりユーザが正しい利用者であることを確認します。しかし、認証のために利用するアカウントやパスワードが漏れてしまうと、正しい利用者であることを確認できません。

　このような問題の対策として二要素認証があります。二要素認証では、アカウントとパスワードを入力したときに、あらかじめ登録された携帯電話の番号にSMS（Short Message Service）メッセージでランダムな番号を通知し、パスワードとその番号が合っていればそのユーザを認証します。パスワードが漏れても、ユーザの携帯電話にもう1つの認証コードを送ることで、セキュリティを強化します。

プライバシーの侵害のおそれ

　SNSでは家族、友達、会社の仲間、サークルの仲間などさまざまな知り合いとつながることができます。また、実際に会ったことがなく、インター

ネット上だけの知り合いというつながりもよくあります。そのときに問題となるのが、プライバシーです。家族だけに知らせたい情報、また会社の仲間には知られたくない情報などがあるかもしれません。そういった情報をうっかり公開・共有し、人間関係が気まずくなったり、何らかの不利益をもたらしたりといったことがあります。自宅や勤務先などがストーカーに漏れて事件になるといった最悪のケースも考えられます。

SNSではプライバシーを公開する範囲を設定できます（図 2-2-2）。自分の情報がどの範囲まで公開されるのかを確認することは重要です。設定を確認し、不用意に情報を公開しないように注意してください。

図 2-2-2

プライバシーの設定で、公開する範囲を決めて大事な情報を不必要に拡散しないように！

SNSによっては、アプリケーションが個人のプロフィールにアクセスしたり、投稿内容と連携したりすることもあります。SNSは、規約をよく読み、そういった危険はないかを確認してリスクを踏まえたうえで利用してください。

Chapter 2 最新技術を取り巻くセキュリティのリスク

2-3 便利だけど管理しないと危険
クラウド

keyword
アカウント……P.60、認証……P.90、
セキュリティインシデント……P.2、ファイアウォール……P.260

クラウドとは

クラウドの定義

　たとえば、Webサイトを立ち上げる場合、かつてはサーバを用意し、ネットワークに接続して、必要なソフトウェアを設定して……といった作業が必要でした。今ではハードウェアの購入や設定などを行わなくても、ボタンひとつでWebサーバを用意できるような「クラウド」サービスが数多く提供されています。近年、変化の激しい経営環境や技術環境に柔軟に対応するために、自社でシステムを開発し所有するのでなく、必要なときに必要な資源や機能を使うクラウドが普及しています。

　米国国立標準技術研究所(NIST:National Institute of Standards and Technology) は、クラウドの基本的な特徴を次のように定義しています。

- オンデマンド、セルフサービス：必要に応じて、自動的にサーバやネットワーク、ストレージサービスを利用できる。
- 幅広いネットワークアクセス：スマートフォン、タブレット、パソコンなどさまざまなデバイスから利用できる。
- リソースの共有：CPU、メモリ、ストレージなどのコンピュータリソースを複数のユーザがマルチテナント[注1]で利用できる。
- スピーディな拡張：需要に応じてスケールアウト、スケールインが自在

[注1] 1つのシステムやサービスを複数の企業が利用すること。1つの企業が1つのシステムやサービスを利用する形態をシングルテナントという。

にできる。
- リソースの利用状況が計測可能：リソースの利用状況の監視、制御、レポートができる。

クラウドの種類

サービスの提供方法から、クラウドを次のように分類できます（図 2-3-1）。

- SaaS（Software as a Service）：ユーザにアプリケーション単位でサービスを提供する。
- PaaS（Platform as a Service）：ユーザがアプリケーションを開発するための環境（プログラミング言語、ライブラリ、開発など）を提供する。
- IaaS（Infrastructure as a Service）：ネットワーク、ハードウェア、ストレージなどシステムの基盤となる部分を提供する。

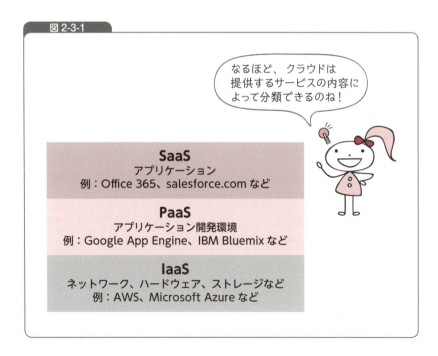

図 2-3-1

Chapter 2　最新技術を取り巻くセキュリティのリスク

　さらにクラウドは、どのように実装するかによって次のように分類できます。

- プライベートクラウド：1つの企業が専用で利用する。他の企業と共有するパブリッククラウドよりコストがかかる。
- コミュニティクラウド：特定の複数の企業が連携して利用する。
- パブリッククラウド：複数の企業や個人が自由に、比較的安価に利用できる（AWS、Microsoft Azureなど）。
- ハイブリッドクラウド：プライベートとパブリックなど異なる形態を組み合わせて提供する。

クラウドにおけるセキュリティの課題

　クラウドサービスを利用する場合も、アカウントとパスワードにより認証を受けます。不正に利用されないように、アカウントとパスワードを適切に管理しなければなりません。

　クラウドを利用すると、迅速かつ簡単にシステムを構築できます。そのため、情報システム部などのシステム管理部門を介さず、業務部門でシステムを構築するケースが増えています。すると、情報システムや取り扱うデータに対する企業のガバナンス（適切に制御・維持すること）が弱くなり、情報漏洩などのセキュリティインシデントにつながるおそれがあります。

　最近では、GoogleドライブやDropboxなど個人が手軽に利用しやすいクラウドサービスが増えており、企業において従業員が許可なく業務にそれらのクラウドサービスを使う「シャドーIT問題」が増えています（図2-3-2）。企業の情報システムはファイアウォールなどで保護されていますが、個人が勝手にクラウドサービスを使うと、その保護システムに穴を開けることにつながりかねません。クラウドサービスの利用状態をモニタリングし、クラウドサービスに対するアクセスを制御したり、データが転送されることがないように適切に管理・保護したりする対策が不可欠です。

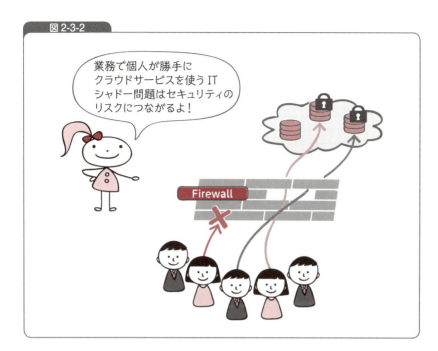
図 2-3-2

Chapter 2 最新技術を取り巻くセキュリティのリスク

2-4 あらゆるものがつながる世界のリスク
IoT

keyword
脅威……P.5、暗号化……P.70、認証……P.90

IoTとは

「IoT（Internet of Things）」は、「もののインターネット」と表現されるように、あらゆるものがインターネット上でつながり、「もの」と「もの」が情報を交換し、相互に制御するしくみで成り立つ世界を指します。ある特定の技術を定義するわけではなく、技術により便利になる社会を表しています。

たとえば、自動車に搭載されているセンサーがインターネットにつながることで、渋滞を回避したり、事故を防止したりすることが実現すれば、社会は今以上に便利になるでしょう。

紙のように薄いセンサーや小型の通信機器が開発され、あらゆるものがインターネットにつながります。また、電気、ガス、水道などの重要なインフラやビル、工場などの施設まであらゆる社会インフラがインターネットにつながることで、スマートシティやスマートファクトリーと呼ばれるような、効率的かつ便利な社会を築くことが可能になります。

IoTがもたらす脅威

センサーやネットワークの技術の発展により、今までインターネットに接続されていなかったものが接続されることになります。IoTにより、今までにはない価値が生み出されることになりますが、その半面、インターネットにつながることでもたらされるセキュリティ上の脅威についても考

えなくてはなりません（図2-4-1）。

　たとえば、自動車に搭載している情報システムがインターネットに接続すると、自動車の位置情報、渋滞情報、空いている駐車場の状況、ショッピング情報などをリアルタイムに利用できるようになります。一方で、インターネットから自動車の情報システムに侵入して勝手に操作するような脅威も考えられます。

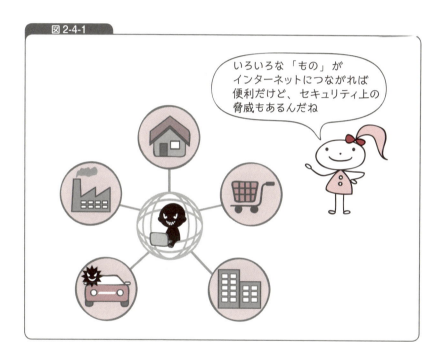

図2-4-1

いろいろな「もの」がインターネットにつながれば便利だけど、セキュリティ上の脅威もあるんだね

　実際に、クライスラー社製の自動車がハッキング可能であることが、セキュリティ研究者によって証明されました。また、ホームセキュリティやオフィスセキュリティに利用されている監視カメラの設定が不適切であれば、インターネットを介して誰でも閲覧できることも問題になっています。

IoTに対するセキュリティ対策

　IoTでは、センサーを使って収集したデータを、ネットワークを介してサーバなどに送信します。その際に、盗聴によりデータが盗まれる可能性がある場合には、ネットワーク上の通信経路の暗号化を検討します。

　また、通信機能をもった機器が乗っ取られ、他のシステムへの攻撃に使用されるおそれもあります。不正利用を回避するだけでなく、正しい機器から情報が発信されていることを確実にするためにも、認証のしくみを検討し、パスワードが漏れないように適切に管理します。

　IoTで使う機器や送受信するデータによって、どのような脅威があり、その脅威から何を守るべきかが異なります。IoTで何を実現するのかを踏まえたうえで、セキュリティ対策を考えることが重要です（図 2-4-2）。

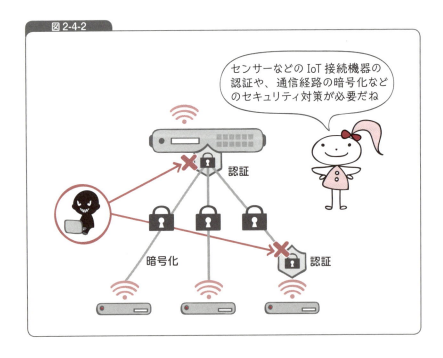

Chapter 3

情報セキュリティを理解するために知っておきたい技術①

情報セキュリティを理解するためには、ネットワークの基本をはじめ、インターネット上で利用されているさまざまな技術の基本を知っておく必要があります。本Chapterでは、インターネットの基本となるTCP/IPをはじめ、DNSやメールなどについて説明します。

- **3-1** ネットワークの基本
  プロトコル（通信規約）
- **3-2** インターネットの標準プロトコル
  TCP/IP
- **3-3** IPアドレスとドメイン名を結び付ける
  DNS
- **3-4** メールを送信・受信する
  SMTP、POP、IMAP
- **3-5** Webサイトへのアクセスを実現
  HTTP

Chapter 3 情報セキュリティを理解するために知っておきたい技術①

3-1 ネットワークの基本
プロトコル（通信規約）

keyword

TCP/IP……P.27

　セキュリティを理解するうえでネットワークの知識は欠かせません。特に、インターネットにおいて標準で利用されているTCP/IPというプロトコル（通信規約）群について理解することが重要です。本節では、TCP/IPの前に、ネットワークでデータをどのようにやりとりするかを規定するプロトコル（通信規約）について説明します。

プロトコルとは

　「プロトコル」とは通信規約であり、相手とやりとりを行うための規則や手順を定めた約束事です。普段、Webアプリケーションや電子メールなどを利用する際は、プロトコルについて意識することはありません。しかし、ネットワークを介してコンピュータ同士がコミュニケーションをとる場合、プロトコルがとても重要なものになります。ハードウェア、OS、ミドルウェアが違う相手でも、同じプロトコルを使えば通信することができます。逆に言うと、違うプロトコルを使えば通信はできません。
　プロトコルは標準化されており、仕様が明確に決められています。また、複数のプロトコルを階層化して使用する場合もあります。

プロトコルの階層化

　ネットワークは複雑になりがちなため、単純化すべく複数の階層に分けて処理を行います（図3-1-1）。各階層は、下位層から特定のサービスを

受け取り、上位層に特定のサービスを提供します。上位層と下位層の間でサービスのやりとりをするときの約束事を「インターフェース」と呼び、通信相手の同じ階層とやりとりをするときの約束事をプロトコルと呼びます。通信の階層化、つまりは機能分割によってプロトコルの実装が容易になり、各プロトコルの責任も明確になるという利点があります。

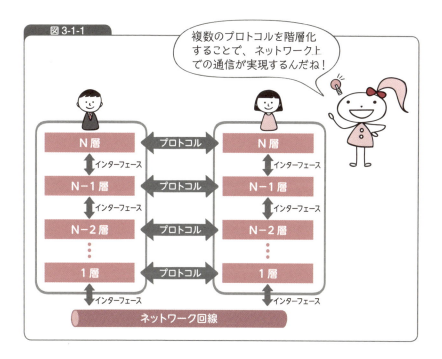

図3-1-1

OSI参照モデル

プロトコルを階層化したモデルの例として、ISO（国際標準化機構）が通信体系として標準化した「OSI参照モデル」が挙げられます。OSI参照モデルとは、通信に必要な機能を階層ごとにまとめたモデルであり、ネットワークの基本として説明されます（**表3-1-1**）。

OSI参照モデルはあくまでモデルです。各階層（レイヤー）のおおまかな役割を決めているだけで、プロトコルやインターフェースの詳細を決め

Chapter 3 情報セキュリティを理解するために知っておきたい技術①

るものではありません。ガイドライン的な位置付けとしてとらえておきましょう。

　通信プロトコルの多くは、OSI参照モデルのいずれかの層に当てはめて考えることができます。OSI参照モデルをもとに考えることで、通信機能においてそのプロトコルの位置付けや役割がわかります。

表3-1-1

番号	階層	機能
7	アプリケーション層	特定のアプリケーションの機能を提供する。アプリケーションごとにデータの形式や処理の手順などが規定されている。
6	プレゼンテーション層	データ形式に関わる処理を行う。たとえば、通信する機器の間で文字コードが異なる場合に変換を行ったり、通信の暗号化と復号を行ったりといった処理が該当する。
5	セッション層	コネクション（データが流れる論理的な通信路）の確立や切断を行う。
4	トランスポート層	データの伝送を制御する。
3	ネットワーク層	相互に接続された複数のネットワークの間で、宛先までの経路を定める。
2	データリンク層	単一のネットワーク内でデータ伝送を行う。
1	物理層	実際のネットワーク媒体（ケーブルなど）上を流れる電気信号の形式やコネクタの形状など、ハードウェアに近い部分を規定する。

3-2 インターネットの標準プロトコル
TCP/IP

keyword

OSI参照モデル……P.25、ICMP……P.146、DNS……P.31、SMTP……P.39、SSH……P.48、HTTP……P.43

TCP/IPとは

「TCP/IP」とは、インターネットの通信を実現するプロトコル群のことです。単純にTCPとIPという2つのプロトコルだけではなく、IPやICMP、TCPやUDP、DNS、SMTP、SSH、HTTPといった、関連する多くのプロトコル群を指します。インターネットを構築するうえで必要なプロトコルのセットという意味で、TCP/IPをインターネットプロトコルスイートと呼ぶこともあります。

TCP/IPのプロトコルは、IETF (The Internet Engineering Task Force)で内容が検討され、標準化されます。標準化されたプロトコルは、RFC (Request For Comments)と呼ばれるドキュメントとして公開されます。RFCは、インターネット上で誰でも閲覧可能です。

TCP/IP階層モデル

TCP/IPは、「TCP/IP階層モデル」として参照されます。OSI参照モデルは7階層ですが、TCP/IP階層モデルは4階層です。各層の大まかな機能を表3-2-1、OSI参照モデルとの関係を図3-2-1にまとめます。

Chapter 3 情報セキュリティを理解するために知っておきたい技術①

表 3-2-1

番号	階層	機能
4	アプリケーション層	個々のプログラム間でどのような形式や手順でデータをやりとりするかを規定する。OSI参照モデルのセッション層、プレゼンテーション層、アプリケーション層の機能は、プログラム内で実現される。
3	トランスポート層	データ伝送を実現する。信頼性の高い伝送を行うためのTCP、大量かつ高速なデータ伝送を行うUDPなどのプロトコルがある。
2	インターネット層	複数のネットワークを相互に接続した環境で、ルータを介したデータ伝送を実現する。IPアドレスなどを規定するIPはこの層のプロトコルである。
1	ネットワークインターフェース層	単一のネットワーク内でのデータの伝送を実現する。ネットワーク機器が通信を実現するための層で、LANや無線LANのプロトコルがこの層に属する。

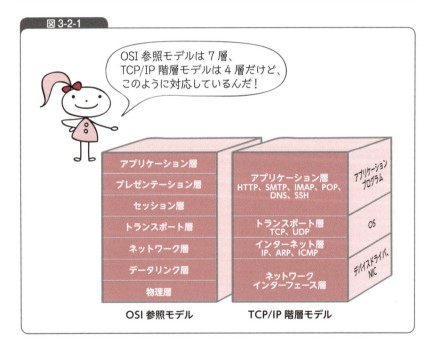

図 3-2-1

続いて、インターネット上の通信を理解するうえで特に重要となるIPとTCP/UDPについて説明します。DNSや電子メールなどアプリケーション層のプロトコルは次節以降で取り上げます。

個別の宛先にデータを届けるIP（インターネット層）

「IP（Internet Protocol）」はインターネット層のプロトコルです。OSI参照モデルではネットワーク層に相当します。IPの役割は、目的のコンピュータまでデータを届けることです。インターネット上では、各コンピュータを「IPアドレス」により識別します。

データ伝送を制御するTCP/UDP（トランスポート層）

TCP/IP階層モデルのトランスポート層では、「TCP（Transmission Control Protocol）」と「UDP（User Datagram Protocol）」という2つの代表的なプロトコルが利用されます。

ネットワーク上でデータを伝送する方法は、コネクション型とコネクションレス型に大別できます。TCPはコネクション型、UDPはコネクションレス型のプロトコルです。

● コネクションの確立・切断を行うTCP

コネクション型のプロトコルは、データの伝送前に送信側と受信側の間にコネクション（論理的な回線）を確立し、終了時に切断します。TCPは、それ以外にも、通信の信頼性を確保する役割を担います。たとえば、データを送信した際に、相手が確かにデータを受け取ったことを確認するために確認応答を返します。また、伝送の途中でデータの欠落や破損が発生した場合には、データを再送する機能をもちます。そのため、TCPは、電子メールやファイル転送など、信頼性を重視し、伝送途中でデータが失われては困るアプリケーションで使われます。

● 高速で大量のデータを伝送するUDP

コネクションレス型は、コネクションの確立・切断を行わず、送信した

いときにいつでも送信できるプロトコルです。受信側はいつ誰からデータを受信するかわかりません。また、通信相手がいるかどうかの確認も行われません。UDPでは、TCPのような確認応答や再送を行いません。途中でデータが失われてもそのままです。そのため、UDPは、途中で一部のデータが失われても影響がなく、高速性やリアルタイム性を重視するアプリケーションで使用されます。

● アプリケーションを識別するポート番号

　トランスポート層の役割は、アプリケーションプログラム間でデータ伝送を実現することです。しかし、コンピュータの内部では複数のプログラムが同時に動作しているため、どのプログラムが通信を行っているかを識別するために「ポート番号」を使います。たとえば、TCPではサービスを提供するサーバ側において、デフォルトでHTTPは80、Telnetは23といったようにポート番号を割り当てて待ち受けています。

3-3 IPアドレスとドメイン名を結び付ける
DNS

keyword

TCP/IP……P.27、UDP……P.29、HTTP……P.43

「DNS（Domain Name System）」は、TCP/IPのアプリケーション層で使われるプロトコルの1つです。トランスポート層のプロトコルには一般的にUDPを使います。インターネットではIPアドレスによりコンピュータを特定しますが、DNSはそのために補助的な役割を果たします。

DNSとは

IPアドレスは、「160.16.113.252」のように、10進数で表現される4つの数値（範囲は0〜255）をピリオドで区切って表現します。しかし、インターネットにアクセスするときは、数字だけの覚えにくいIPアドレスを使わずに、「www.gihyo.jp」のように英数字とピリオドで構成され、人間にわかりやすい形式の「ドメイン名」を使うことがほとんどです。たとえば、技術評論社のWebサイトにアクセスする際には、Webブラウザのアドレス欄に「http://160.16.113.252/」ではなく「http://www.gihyo.jp/」のように入力します。

「www.gihyo.jp」は、インターネット上では他と重複しない一意の名前であり、「完全修飾ドメイン名（FQDN：Fully Qualified Domain Name）」と呼ばれます。インターネット上では特定のコンピュータにアクセスするにはIPアドレスを指定する必要がありますが、DNSによって完全修飾ドメイン名「www.gihyo.jp」とIPアドレス「160.10.113.252」が対応付けられているため、完全修飾ドメイン名を指定してもアクセスが可能になります（図3-3-1）。

Chapter 3 情報セキュリティを理解するために知っておきたい技術①

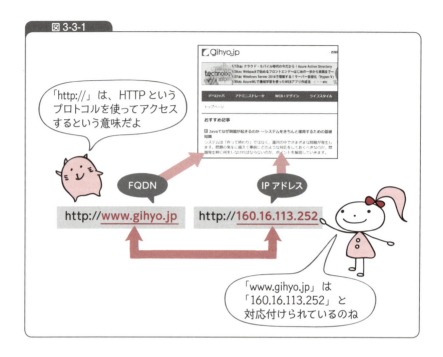

図 3-3-1

　FQDNからIPアドレスへ、またはその逆へ変換するしくみを名前解決と呼びます。名前解決を行うのがDNSです。

ドメイン名の構造を理解しよう

　完全修飾ドメイン名は、ホスト名（コンピュータ名）とドメイン名をつなげたもので、インターネット上で特定のコンピュータを指します。「www.gihyo.jp」の場合、「www」がホスト名、「gihyo.jp」がドメイン名です。

　ドメイン名は、非常に簡単に言えば、インターネット上での特定のネットワークを表します。ドメイン名は、国名などを表すトップレベルドメイン、組織などを表す第2レベルドメインなどのように階層構造をとります（図 3-3-2）。「gihyo.jp」では「jp」が日本を表すトップレベルドメイン、「gihyo」が技術評論社を表しています。ドメイン名は右にあるほど上位になると理解しておくとよいでしょう。

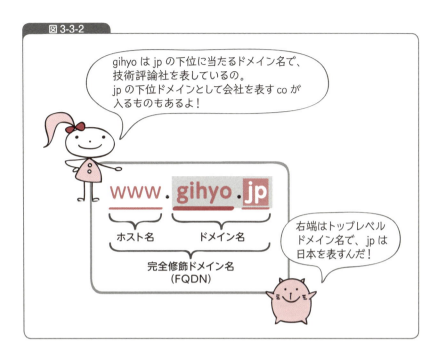

図 3-3-2

DNSによる名前解決のしくみ

　たとえば、Webブラウザで「www.gihyo.jp」と入力した場合、「www.gihyo.jp」に対応付けられているIPアドレスを探すために、「DNSサーバ」に問い合わせが行われます。DNSサーバは、ドメイン名に対応付けられているIPアドレスを返します。

　ドメイン名が階層構造をとるように、DNSサーバも階層構造をとります（図 3-3-3）。最も上位に当たるのはルートDNSサーバです。

　ブラウザに「http://www.gihyo.jp」と入力すると、まずルートDNSサーバに「www.gihyo.jp」のIPアドレスを問い合わせます。ルートDNSサーバは、トップレベルドメインのDNSサーバ（「jp」のDNSサーバ）に問い合わせるように、「jp」のDNSサーバの情報を返します。続いて、「jp」のDNSサーバに問い合わせると、「gihyo.jp」のDNSサーバに問い合わせるように情報を返します。最終的に、「gihyo.jp」のDNSサーバに

問い合わせて、「www.gihyo.jp」のIPアドレスを取得します。

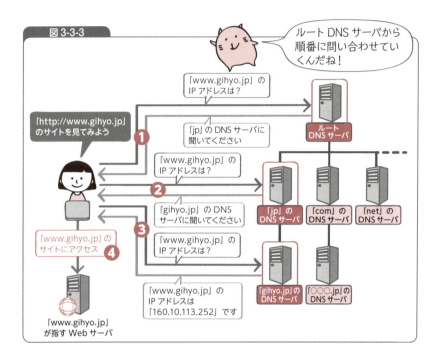

図3-3-3

1つのDNSサーバがすべてのドメイン名・IPアドレスを保存しているわけではありません。DNSサーバは次のいずれかの情報をもちます。

- 自身のドメインの下位にどのようなドメインがあるのか、その下位ドメインの情報
- 自身のドメインに所属するホストの情報（ドメイン名とIPアドレスなど）

そのため、ルートDNSサーバから順に問い合わせていくことで、名前解決を行います。

DNSコンテンツサーバとDNSキャッシュサーバ

　DNSサーバは、大きく「DNSコンテンツサーバ」と「DNSキャッシュサーバ」に分けられます。

　DNSコンテンツサーバは、自分のドメイン情報を管理するDNSサーバです。これまでの説明に出てきたDNSサーバはDNSコンテンツサーバになります。

　DNSキャッシュサーバは、自分ではドメイン情報を管理せず、コンピュータからの問い合わせを受け、他のDNSサーバに問い合わせを行い、その結果を返す役割を担います（図 3-3-4）。問い合わせの結果を履歴として保持し、次に問い合わせを受けたときに該当する情報がその履歴にあれば、問い合わせを行わずにそこから情報を返します。

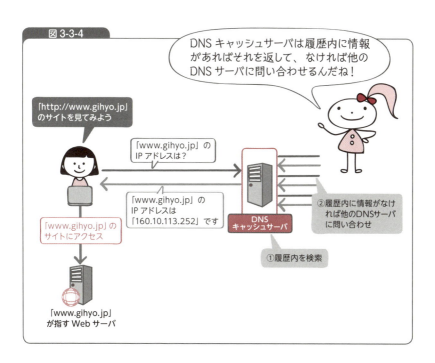

図 3-3-4

DNSのレコード

これまで、WebサイトのFQDNからIPアドレスを取得する例を説明してきました。これを正引きといいます。DNSには、IPアドレスからFQDNを取得する逆引きの機能もあります。

DNSサーバには、FQDNやIPアドレスなどの情報をレコードという形式で格納しています。レコードには複数のタイプがあります。FQDNからIPアドレスを取得する正引きのためのレコードを「Aレコード」、IPアドレスからFQDNを取得する逆引きのためのレコードを「PTRレコード」といいます。表3-3-1に、DNSの主なレコードタイプを示します。

表3-3-1

タイプ	内容
A	ホストのIPアドレス
CNAME	ホストの別名(エイリアス)
HINFO	ホストに関する追加情報
MX	ドメインのメールサーバ名
NS	ドメインのDNSサーバ名
PTR	IPアドレスに対応するホスト名
SOA	ゾーン(ドメイン)情報
TXT	テキスト情報
WKS	ホストで実行されているウェルノウンサービス情報

DNSの脆弱性を狙う攻撃

DNSにはいくつか脆弱性があり、それを狙って攻撃がしかけられることがあります。その1つが、昔からよく知られている「DNSキャッシュポイズニング」です。

DNSキャッシュサーバは、問い合わせを受けたとき、回答となり得る情報が履歴にあればその情報を返しますが、履歴に情報がない場合(または履歴の有効期間が過ぎている場合)はDNSコンテンツサーバに問い合わせます。ここで、DNSコンテンツサーバからの回答より先に不正な情報をDNSキャッシュサーバに送り、不正な情報を履歴に保存させる攻撃をDNSキャッシュポイズニングと呼びます(図3-3-5)。

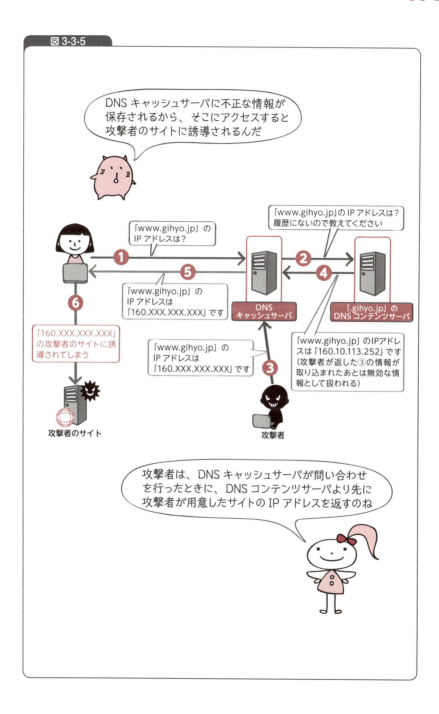

図 3-3-5

Chapter 3　情報セキュリティを理解するために知っておきたい技術①

　攻撃者は、DNSコンテンツサーバより先に問い合わせへの応答を返さなければならないため、攻撃難易度は高いと言えます。しかし、万が一成功し、攻撃されたDNSキャッシュサーバ上の情報が不正に書き換えられた場合、DNSキャッシュサーバの利用者が攻撃者の用意したサイトに誘導され、ウイルスをダウンロードさせられるなどの被害にあう可能性があります。

　DNSキャッシュポイズニングは、本質的にはDNSのIPとFQDNの対応関係を不正なものに書き換え、不正なサイトに誘導させることが攻撃者の主眼です。攻撃者は、DNSキャッシュポイズニングでなくても、対応関係を書き換えさえすればよいのです。たとえば、Androidを標的としたSwitcherというマルウェアは、スマートフォンそのものを攻撃するのではなく、スマートフォンが接続するWi-Fiルーターを不正に乗っ取り、DNSの設定を書き換えることで、スマートフォンを不正なサイトに誘導します。攻撃者はある目的を達成するためにあの手この手で攻撃方法を変えてくることを覚えておきましょう。

3-4 メールを送信・受信する
SMTP、POP、IMAP

keyword

TCP/IP……P.27、TCP……P.29、アカウント……P.60、
認証……P.90

日常的によく利用するアプリケーションの1つにメールがあります。メールは、送信と受信に異なるプロトコルを利用します。

メールのしくみ

メールの送受信には、複数のプロトコルが使われます（図3-4-1）。

「SMTP（Simple Mail Transfer Protocol）」は、メールを送信するためのプロトコルです。メールを確実に届けるために、トランスポート層ではTCPを利用します。

メールを利用するには、送信側と受信側にそれぞれ「メールサーバ」が必要です。送信側のメールソフトからメールを送信すると、送信側のメールサーバに送られ、さらに受信側のメールサーバに転送されます。ここまでの処理をSMTPが担当します。

受信側のメールサーバがメールを受信すると、ユーザアカウントごとに用意されたメールボックスに格納します。ユーザがメールサーバからメールソフトにメールを受信する際に、は、「POP（Post Office Protocol）」または「IMAP（Internet Message Access Protocol）」というプロトコルが使われます。POPは通常メールソフトに受信するとメールサーバのメールボックスからメールを削除しますが、IMAPはメールボックスに残したままで管理する点が異なります。

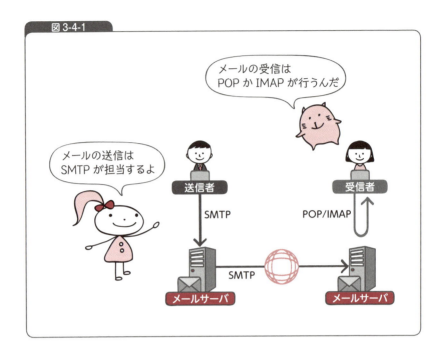

図3-4-1

メールのメッセージ

　メールのメッセージは、配信情報を格納する「ヘッダ」と「本文」に分かれています。ヘッダには送信者や受信者などの配信情報やメールソフトの名前などの補助情報が格納されています。ヘッダの情報は、メールソフトでも閲覧可能です。

　注意しなければならないのは、メッセージヘッダに含まれる配信情報によってメールが送信されるわけではないことです。

　SMTPでは、送信側を指定するために「MAIL FROM」、受信側を指定するために「RCPT TO」コマンドが使われます。SMTPのコマンドでやりとりされる配信情報は「エンベロープ（封筒）」と呼ばれます。これは、郵便局が手紙の配達には封筒に書かれている住所を利用することを意味しています。

　つまり、メールには、送受信に使われるエンベロープと表示用のヘッダ

という2つの情報が添付されるということです。ヘッダ情報は容易に書き換えられることができます。そのため、悪意をもって送信側の情報を他人のメールアドレスに書き換え、正しい送信者になりすまし、スパムメールを送るといったことも可能になります。

SMTPにまつわるセキュリティ上の脅威

　SMTPには、メール転送機能があります。メールサーバがメールを受信したとき、自ドメイン宛てのメールでなければ、別のメールサーバに転送します。このようにメールサーバ間で転送しながらメールを送信することを「メールリレー」と呼びます。

　SMTPのメールリレー機能を悪用し、メールサーバを不正にリレーさせ、スパムメール送信などを行う「オープンリレー」と呼ばれるセキュリティ攻撃があります。本来メールサーバは、一般的に自ドメイン内からの送信依頼のみを受け付ける必要がありません。しかし、自ドメイン以外からの送信依頼も受け付けるような設定になっていると、悪意のある第三者にスパムメールの送信に利用され、攻撃の片棒を担いでしまう可能性があります（図3-4-2）。

　オープンリレーには、自ドメインに所属するIPアドレスからのみ送信依頼を受け付けるようにするといった対策が考えられます。POPやIMAPではユーザアカウントのメールボックスにアクセスする際に認証を受けるのが一般的ですが、SMTPでは認証を行いません。そのため、認証機能を備えたSMTP-AUTHなどを利用してメールの送信時にも認証を有効にし、正規のユーザにのみメールの送信を許可することで、オープンリレーを防ぐことができます。

Chapter 3 情報セキュリティを理解するために知っておきたい技術①

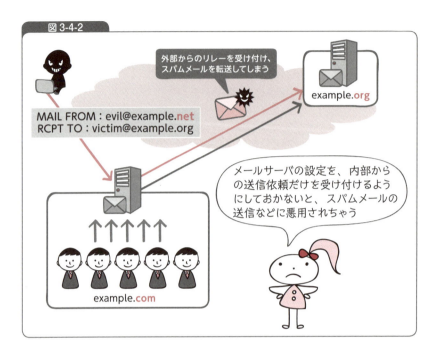

3-5 Webサイトへのアクセスを実現

HTTP

keyword

TCP/IP……P.27、TCP……P.29、ドメイン名……P.31、
脆弱性……P.214、SQLインジェクション……P.173

　WebブラウザからWebサイトにアクセスするときに使われるのが「HTTP（HyperText Transfer Protocol）」です。HTTPはアプリケーション層のプロトコルであり、トランスポート層ではTCPを利用します。

HTTPとは

　Webサイトのページは、「HTML（HyperText Markup Language）」というマークアップ言語を使って作成します。HTMLでは、文字のフォントやサイズ、画像や動画の配置をテキスト形式で記述することが可能です。また、ハイパーリンク機能により、HTML文書から別のHTML文書を呼び出すことができます。

　HTTPは、Web上にあるHTML文書などのコンテンツを送受信するためのプロトコルです。たとえば、Webブラウザに「http://gihyo.jp/index.html」と入力すると、Webサーバに対してHTTPリクエストが送られます。このHTTPリクエストは、「index.html」というファイルを「GET」メソッドで取得するというものです（HTTPメソッドには、GETの他にもパラメータをリクエスト内に含めて送るPOSTなどがあります）。WebサーバはHTTP GETに対し、HTTPレスポンスを返します。HTTPレスポンスにはリクエストされたHTML文書（index.html）が含まれており、Webブラウザが受け取るとindex.htmlが表示されます。HTTPレスポンスには、リクエストに対する処理結果を表すステータスコードも含まれており、処理の成功時には200、ファイルが見つからない場合には404などのコー

ドが返されます。

　なお、HTML文書の位置を示すためには、「http://gihyo.jp/index.html」のような「URL（Uniform Resource Locator）」を使います。URLは、「http://」（HTTPを使っていることを示す）などのスキーム、ドメイン名、文書のファイル名（ディレクトリを含む）で構成されます。

Webアプリケーションのしくみ

　一般に「Webサイト」は、前述の例のように、サーバ上にもともと存在しているindex.htmlなどの静的なファイルをリクエストに対して提供します。一方、「Webアプリケーション」は、リクエストによりパラメータを受け取って、何らかの処理（ビジネスロジック）を実行して動的にページを生成して返します。

　たとえば、ログインしたユーザの銀行口座の残高を表示するWebアプリケーションを考えてみます（図3-5-1）。ユーザがWebブラウザでログイン画面を表示し、そこから入力したユーザIDとパスワードは、HTTPリクエストにより送信されます。WebアプリケーションはユーザIDとパスワードを受け取ると、データベース内の値と一致するか確認します。一致した場合は、認証に成功したとし、再度データベースにアクセスしてそのユーザの残高を取得してその値を表示するWebページを生成して、ユーザのWebブラウザに返します。

　昨今ではWebアプリケーションの脆弱性を突いた攻撃が非常に多くなっています。たとえば、データベースにアクセスするWebアプリケーションでは、入力フォームから不正な文字列を入力してデータベースを不正に操作するSQLインジェクションの脅威があります。

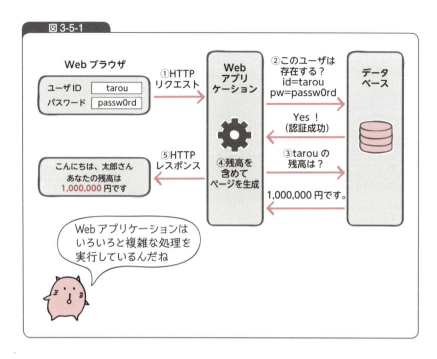

セッション管理のしくみ

　HTTPはステートレス型のプロトコルです。1回のHTTPリクエストに対し、HTTPレスポンスを返すことで処理が完結し、複数のリクエストにまたがって処理を継続することができません。処理の状態を継続できないことから、ステートレスと呼ばれます。

　しかし、たとえばネットショッピングなどのアプリケーションで、リクエストごとに処理が完了し、ユーザの状態を管理できないと、非常に不便です。

　そのため、HTTPでは、「セッションID」という識別子を使います（図3-5-2）。Webアプリケーションでユーザの認証に成功すると、その状態を管理するためのセッションIDを発行してユーザに返します。ユーザはそれ以降のリクエストに発行されたセッションIDを（Webブラウザが自動的に）送ることで、Webアプリケーションはその通信が認証されたユー

ザからのリクエストであることがわかります。

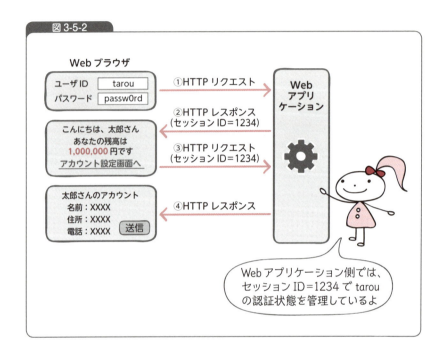

図3-5-2

　セッションIDは通常「Cookie」という小さなデータに保存されます。Webサーバ側でセッションIDを含むCookieを発行すると、WebブラウザではCookieを保存し、それ以降のリクエストでは保存されたCookieを自動で送ります。

　Webサーバ側ではセッションIDでユーザの認証状態を判断します。セッションIDが漏洩してしまうと、悪意のある第三者によるなりすましが発生するおそれがあります。また、セッションIDに十分なランダム性がなく強度が低い場合、つまり推測性が高い場合は、攻撃者が大量にセッションIDを送りつけ、有効なセッションIDを見つけるという攻撃の可能性もあります。このような攻撃を「セッションハイジャック」と呼びます。

Chapter 4

情報セキュリティを理解するために知っておきたい技術②

情報セキュリティを理解するために、不正アクセスからシステムを守るための技術についてその基本を理解しておきましょう。本Chapterでは、SSH、IDS/IPS、WAFについて説明します。

4-1	暗号化した遠隔ログイン **SSH**
4-2	不正アクセスを検知・ブロックする **IDS/IPS**
4-3	Webアプリケーションのファイアウォール **WAF**

Chapter 4 情報セキュリティを理解するために知っておきたい技術②

4-1 暗号化した遠隔ログイン

SSH

keyword

TCP/IP……P.27、TCP……P.29、ブルートフォース攻撃……P.65、辞書攻撃……P.65、ポート番号……P.30、POP……P.39、暗号化……P.70

サーバとの通信を暗号化する

「SSH（Secure Shell）」は、TCP/IPのアプリケーション層で使われるプロトコルの1つです。トランスポート層のプロトコルにはTCPを使います。ネットワークを介して離れたサーバなどに遠隔ログインを行うためのプロトコルになります。

同様に遠隔ログインを行うプロトコルにTelnetがあります。Telnetは、サーバとの通信が暗号化されないため、通信を盗聴されると内容が露呈します。たとえば、遠隔ログイン時の通信が盗聴され、認証情報が漏洩すると、攻撃者により不正にログインされるリスクがあります。

一方、SSHでは、サーバとの通信が暗号化されるため、盗聴による情報漏洩のリスクは極めて低くなります（図4-1-1）。

4-1 SSH

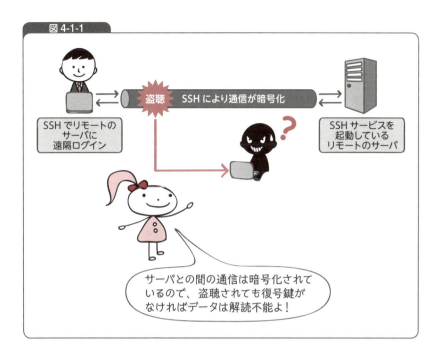

図 4-1-1

SSHの脅威と対策

　SSHサービスを起動しているサーバを、インターネットから誰でもアクセス可能な状態にすると、ログイン時にアカウント名とパスワードのみで認証する場合は、ブルートフォース攻撃や辞書攻撃などのパスワード攻撃よって、不正ログインを許してしまうリスクがあります（図 4-1-2）。インターネット上に公開するサーバでは、SSHによるログインを許可しないようにしなければなりません。

　どうしてもサーバをインターネットに公開しなければならない場合は、特定のIPアドレスにのみアクセスを許可するようにアクセス制御を行う、クライアント証明書を利用した強固な認証方式にするといった対策が必要です。

Chapter 4 情報セキュリティを理解するために知っておきたい技術②

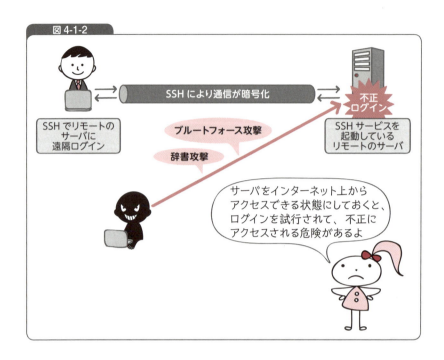

図4-1-2

SSHポートフォワーディング

SSHは「ポートフォワーディング」によく利用されます。ポートフォワーディングとは、特定のポート番号宛てに送られたデータを、特定のIPアドレス、ポート番号宛てに転送するしくみです。ポートフォワーディングにSSHを利用すると、データが暗号化されて転送されるため、セキュリティを確保した通信が可能になります（図4-1-3）。

たとえば、メールの受信に使うPOPは、暗号化機能がなく、メールの内容をそのまま受信します。このように暗号化機能を備えていないプロトコルを安全に利用する技術として、SSHポートフォワーディングが広く利用されています。

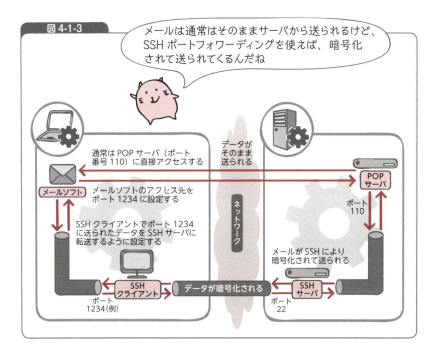

Chapter 4 情報セキュリティを理解するために知っておきたい技術②

4-2 不正アクセスを検知・ブロックする
IDS/IPS

keyword
ファイアウォール……P.260

IDS/IPSとは

「IDS（Intrusion Detection System、侵入検知システム）」は、不正アクセスを検知し、管理者にアラート（警告）を出すシステムです。一方、「IPS（Intrusion Prevention System、侵入防御システム）」は、不正アクセスを検知して防御（ブロック）します（図 4-2-1）。

ネットワーク型とホスト型

IDS/IPSは、「ネットワーク型」と「ホスト型」に分類できます。ネットワーク型IDS/IPSはネットワーク上の通信を分析して異常を検知するのに対し、ホスト型IDS/IPSはホスト上でプログラムやコマンドを実行したときに生成されるプロセスの動作やレジストリの変化、外部との通信などから不審な動作を特定します。

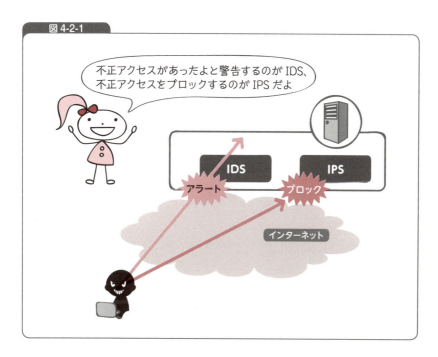
図 4-2-1

シグネチャ型とアノマリ型

ネットワーク型IDS/IPSは、ネットワーク上の通信について不審な状態を検出するため、通信パターンを定義したシグネチャというファイルを使い、シグネチャの通信パターンと実際の通信の内容を比較して不審な状態を検出します。このようなIDS/IPSを「シグネチャ型」といいます。

特定したい攻撃パターンがわかっていれば、その条件をシグネチャに定義することで不正アクセスを検出できます。しかし、攻撃パターンがわかっていない未知の攻撃については、シグネチャを定義できません。これがシグネチャ型の弱点です。

シグネチャ型の弱点を補うため、データの送信量を統計し、傾向を分析することで異常を判断するアノマリ（異常）検知機能を備えるIDS/IPSもあります。これを「アノマリ型」といいます。

フォールスネガティブ（偽陰性）とフォールスポジティブ（偽陽性）

ネットワーク型IDS/IPSで、異常な通信を検知できないことを「フォールスネガティブ（偽陰性）」と呼びます。逆に、無害で検知しなくてよい正常なデータを検知してしまうことを「フォールスポジティブ（偽陽性）」といいます。

なぜフォールスネガティブが発生するのか

シグネチャファイルの定義が保護対象システムの環境に合わないことが原因です。

また、攻撃者はIDS/IPSで検知されないように、通信パケットを巧みに操作し、シグネチャファイルで定義した通信パターンに引っかからないように送信しようとします。たとえば、攻撃が成功する悪意のパケットとして「Attack」がIDS/IPSのシグネチャに定義されている場合、「Attaack」は「Attack」ではないため、IDS/IPSでは攻撃として認識されません。

攻撃者は、IDS/IPSでは「Attaack」として認識させ、攻撃対象のシステムでは「Attack」として認識させようと試みます。そのため、「Atta」のあとに同じシーケンス番号のパケット「ck」と「ack」のパケットを重複させて送ろうとします。

攻撃対象のシステム上のOSでは「ack」のパケットを破棄し、「Atta」＋「ck」＝「Attack」として認識され、攻撃が成功しますが、IDS/IPSでは「ck」が破棄され「Atta」＋「ack」＝「Attaack」として認識されるため、攻撃を検知できません。

これはIDS/IPSと攻撃システム上のOSで重複したパケットの取り扱い方法がそれぞれ異なることが原因です。

なぜフォールスポジティブが発生するのか

シグネチャファイルの定義が保護対象のシステムに合わせて設定されていない場合、不要なシグネチャファイルが有効になってシステムと関係の

ない攻撃を検知する場合があります。攻撃パターンに含まれる文字列やコードの記号のパターンだけを定義すると、正常かどうかを判断できない場合があります。また、たとえば、Linuxで稼働しているシステム上で、Windowsの脆弱性に関連する攻撃パターンを定義していると、Windowsの脆弱性を突く攻撃があったときにはこれを検知します。しかし、Linuxサーバに対してWindowsの脆弱性を突く攻撃をしかけても、その脆弱性はLinux上に存在しないため、この攻撃は成功しません。こういった無駄な定義も、フォールスポジティブの発生要因になる可能性があります。

IDS/IPSのチューニング

　ネットワーク型IDS/IPSで的確に不正アクセスを検知・ブロックするには、フォールスネガティブとフォールスポジティブの発生を減らす必要があります。適切に検知・ブロックできるように、シグネチャファイルの定義を見直しましょう。製品によっては保護すべき対象のOSやアプリケーションに応じてポリシーを作成するルールの定義が用意されています。保護すべきシステムの環境を把握したうえで、シグネチャファイルの内容を適切に設定する必要があります。

> **COLUMN　ファイアウォールとネットワーク型IDS/IPSの違い**
>
> 　ネットワーク型IDS/IPSは、一見するとファイアウォールに似ています。ファイアウォールは一般的にIPアドレス、ポート、プロトコルの単位でアクセスを制御しますが、ネットワーク型IDS/IPSはプロトコルやデータの内容まで検査することができます。
> 　近年、ハードウェアのパフォーマンスが向上してきたことから、多くのファイアウォールにIDS/IPSの機能が搭載され、統合脅威管理製品（UTM：Unified Threat Management）として統合される傾向にあります。
> 　パフォーマンスを優先し、ファイアウォール機能、IDS/IPS機能に特化した製品もあります。ネットワークの規模、求められるパフォーマンスや機能、費用対効果などを検討し、製品を選定する必要があります。

Chapter 4 情報セキュリティを理解するために知っておきたい技術②

4-3 Webアプリケーションのファイアウォール
WAF

keyword
ファイアウォール……P.260、IDS/IPS……P.52、
HTTP……P.43、クラウド……P.16

WAFとは

「WAF（Web Application Firewall）」は、WebアプリケーションやWebサービスに対する攻撃から保護することに重点を置いたファイアウォールです。ネットワーク型IDS/IPSは、OSやミドルウェアなどプラットフォームに対する攻撃として有効ですが、WAFはミドルウェア上のWebアプリケーション、Webサービスに対する攻撃から保護するために、HTTPリクエストからHTTPレスポンスに至るまでのやりとりを検査して攻撃を検知します（図4-3-1）。

4-3 WAF

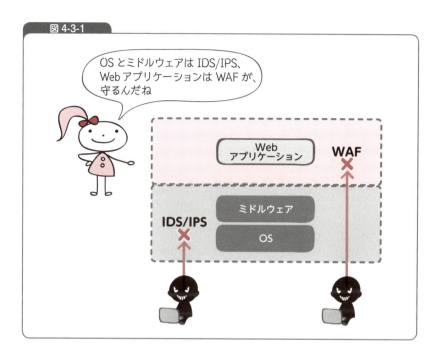

図 4-3-1

HTTPリクエストとHTTPレスポンスの検査

WAFには、さまざまな種類があります。

- Webサーバにソフトウェアとしてインストールする。
- Webサーバの前に専用ハードウェアとして配置する。
- ロードバランサやファイアウォールの機能の1つとして提供される。
- クラウドのサービスとして提供される。

WAFは、WebブラウザとWebアプリケーションの間でやりとりするHTTPリクエストとHTTPレスポンスの通信を検査してWebサーバに対する攻撃や不審な挙動を検知します（図4-3-2）。

Chapter 4　情報セキュリティを理解するために知っておきたい技術②

図 4-3-2

ブラックリスト方式とホワイトリスト方式

　WAFのチェック方式は、「ブラックリスト方式」と「ホワイトリスト方式」に大別できます。

　ブラックリスト方式では、Webアプリケーションへの攻撃パターンをシグネチャファイルに定義しておき、攻撃を検知します。

　逆にホワイトリスト方式では、保護の対象となるWebアプリケーションやWebサービスに対して通常やりとりするパターンを定義しておき、正しいアクセスのみを通過させる方式です。

Chapter 5

パスワードを理解する

銀行／クレジットカードの暗証番号、パソコンのログインパスワード、各種Webサイトのパスワードと、周囲はパスワードだらけです。同一のパスワードを使い回したりしていると、インターネットで偶然見つけられ、ログインされたパスワードが別のWebサイトでも使われ、被害が拡大したという事例もあります。本Chapterでは、パスワードに対する攻撃と対策、ユーザアカウントについて見ていきます。

5-1 サービスなどを利用する権利
アカウント

5-2 認証機能を強化する
生体認証／ワンタイムパスワード

5-3 パスワードは狙われている
パスワード攻撃

Chapter 5 パスワードを理解する

5-1 サービスなどを利用する権利
アカウント

keyword
認証……P.90、セキュリティインシデント……P.2

アカウントとは

　ネットワークやメールなどのサービスを利用する場合、「アカウント」が必要です。アカウントとはサービスなどを利用する権利のことであり、通常はアカウント名（またはユーザID）とパスワードの組で認証を行い、正しいユーザであると承認されたあとにサービスを利用できます。

　アカウントには、大きく分けて2種類あります（図5-1-1）。1つはサービスの通常の利用者が使用する「一般ユーザアカウント」です。もう1つは、サービスを管理する利用者が使う「管理者アカウント」です。「特権アカウント」「アドミンアカウント」と呼ぶこともあります。

● 一般ユーザアカウント

　企業などの組織内で言えば、パソコンを使って文書を作成したり、電子メールの送受信をしたりするユーザが一般ユーザに該当します。システムやネットワークの管理者によりアカウントを作成してもらうことで、社内サーバやインターネットへのアクセスが可能になります。管理されているユーザのことです。

● 管理者アカウント

　システムやネットワークを管理する場合、機器の設定変更やユーザの追

加・削除といった作業が必要です。こういった作業は、権限を与えられた管理者アカウントでのみ実行できるように設定します。管理者アカウントはシステムやネットワークのあらゆるところにアクセスできるため、管理者アカウントが乗っ取られてしまうと、データの盗難や改ざんなどセキュリティインシデントが引き起こされる危険が高くなります。管理者アカウントのアカウント名とパスワードは厳重に管理し、漏れないように保護する必要があります。

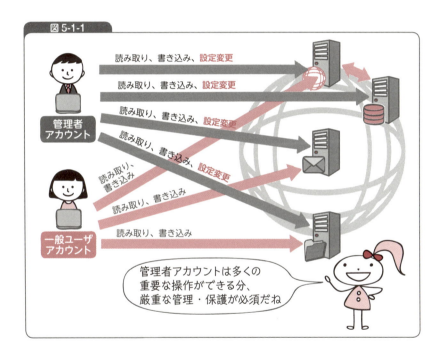

COLUMN 管理者アカウントの別名

　Windows OSでは、管理者アカウントを「アドミン」「アドミニストレータ」と呼びます。UNIX/Linux OSでは「ルート」と呼びます。

5-2 認証機能を強化する 生体認証／ワンタイムパスワード

keyword

アカウント……P.60、パスワード攻撃……P.65

複数の要素で認証を行う二要素認証

通常は、アカウント名（またはユーザID）とパスワードでアカウントの認証を行い、権限を与えられた正しいユーザであることを確認します。しかし、パスワードが漏洩すると、攻撃者が認証を突破し、不正なアクセスを許してしまう結果になります。

そこで、パスワードだけでなく、他の要素を用いて認証を行う「二要素認証」が採用されるようになってきました。特に、金融機関では、指紋などを利用した「生体認証」や「ワンタイムパスワード」を活用する動きが加速しています。

人間の身体的特徴を利用する生体認証

生体認証では、次に示すような人間の身体的特徴を使って認証を行います（図5-2-1）。

- 指紋：指先の皮膚にある汗腺の開口部が隆起した線（隆線）を認識する。
- 静脈：近赤外線光を手・指に透過させ、静脈パターンを確認する。
- 虹彩：虹彩パターンの濃淡値を用いる。
- 網膜：網膜の毛細血管のパターンを認識する。
- その他：顔、声紋、筆跡などを用いる。

5-2 生体認証／ワンタイムパスワード

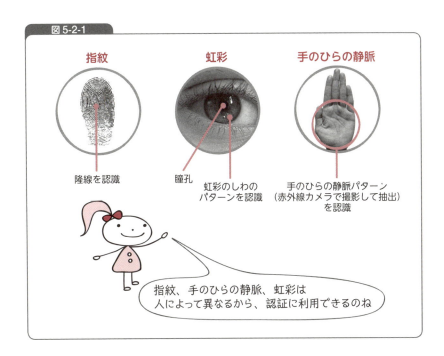

図5-2-1

1回限りのワンタイムパスワード

　アカウント名とパスワードだけでなく、ワンタイムパスワード生成器を使って生成する「ワンタイムパスワード」を認証に使う方式です（図5-2-2）。ワンタイムパスワードは、通常はランダムな数値として生成され、定期的に別の値に更新されるため、予測が不可能であり、次節で説明するパスワード攻撃にも耐性があります。
　ワンタイムパスワード生成器には、ハードウェア型だけでなくソフトウェア型もあります。

Chapter 5 パスワードを理解する

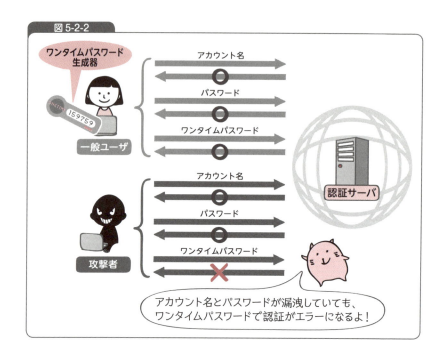

図 5-2-2

　通常は、ユーザにあらかじめ生成器を送っておき、ユーザ側で生成したワンタイムパスワードを利用します。しかし、認証する側がワンタイムパスワードを生成してメールなどでユーザに送ると、ユーザのパソコンがマルウェアなどに感染していた場合に受信したワンタイムパスワードが漏洩する危険があります。その結果、攻撃者は、アカウント名、パスワード、ワンタイムパスワードまでを入手できてしまい、不正送金などのインシデントが発生します。実際に、このような事例がありました。ワンタイムパスワードをメールで受信してはならないことに気をつけましょう。

5-3 パスワードは狙われている
パスワード攻撃

keyword

アカウント……P.60、暗号化……P.70

パスワードを狙うパスワード攻撃の種類

攻撃者はパスワードを入手するために、さまざまな攻撃をしかけてきます（図5-3-1）。

辞書攻撃

ユーザがパスワードとして使用しそうな文字列の一覧を準備しておき、パスワード候補辞書として利用します。アカウント名を固定し、パスワード候補辞書の文字列を1つずつ使ってログインを試していき、ログインできるとパスワードを入手できたことになります。特定のユーザを狙った攻撃ですが、アカウント名を変えて不特定多数のユーザに対して攻撃する場合もあります。

有名なパスワード候補辞書ファイルに、rockyou.txtがあります。

ブルートフォース攻撃

「総当たり攻撃」とも呼ばれます。パスワードとして考え得る文字列を1文字ずつ変えながら、ログイン可能かどうかを試す攻撃です。攻撃対象となるアカウント名を固定して、可能性のあるすべてのパスワードを施行するので、相当な時間が必要になります。逆に言えば、パスワードが長ければ長いほど、この攻撃に対しては安全になります。

リバースブルートフォース攻撃

　ブルートフォース攻撃では攻撃対象となるアカウント名を固定して、パスワードを1文字ずつ変更してログインを試行します。リバースブルートフォース攻撃では逆にパスワードを固定して、アカウント名を1文字ずつ変更してログインを試行します。安易なパスワードやrockyou.txtなどパスワード候補辞書に掲載されているようなパスワードを使用しているユーザは、この攻撃でアカウント名とパスワードを特定される可能性があります。

パスワードリスト攻撃

　過去にあったハッキング事件や個人情報漏洩事件で漏洩したアカウント名とパスワードの組み合わせを含むパスワードリストを使った攻撃です。

　Webサイトごとに異なるアカウント名とパスワードを管理するのが面倒なユーザは、同一のアカウント名とパスワードを使い回す傾向にあります。そのため、あるWebサイトから漏洩したアカウント名とパスワードが、別のWebサイトへのログインにも有効な場合があります。その場合、ユーザはパスワードリスト攻撃の被害を受けることになってしまいます。

5-3 パスワード攻撃

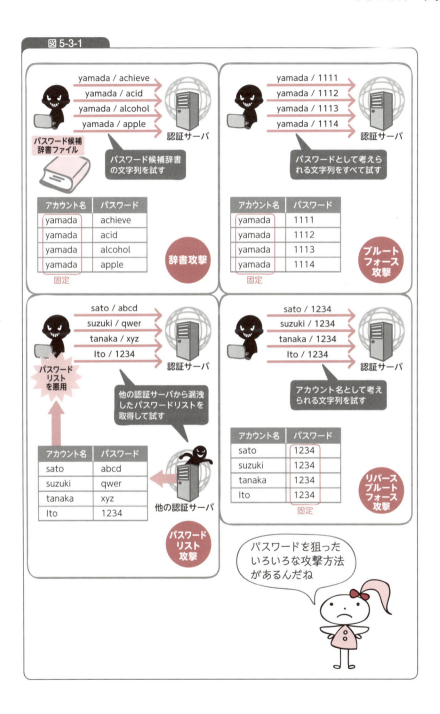

図 5-3-1

Chapter 5 パスワードを理解する

パスワード攻撃への対策

こういったパスワード攻撃には、次のような対策が必要です。

- パスワードを 12 文字以上にすること
- パスワードに大文字と小文字の英字、数字、記号を含めること
- 定期的(3ヵ月ごと)にパスワードを変更すること
- アカウント名/パスワードを他人と共有しないこと
- パスワード管理に関して監査機能を有効にすること
- パスワードを複数のサービスやWebサイトで使い回さないこと
- パスワード管理ソフトを使うこと

参考までに、パスワードを管理する場合、テキストファイルにアカウント名とパスワードを記載し、そのファイルを暗号化する方法があります。無償の暗号化ソフトとしてVeraCrypt(旧称:TrueCrypt)を使用できます。

Chapter 6

暗号の基本を理解する

インターネットの普及により、ログイン用のパスワードやクレジットカード情報、インターネットバンキングに関する情報など、内容を知られないようにデータをやりとりする必要性が増しています。そのため、通信の暗号化は必須の技術となっています。

本Chapterでは、情報セキュリティに不可欠となっている暗号の基本について説明します。

- **6-1** データの内容を読み取られないようにする
  暗号化
- **6-2** 暗号化と復号に同じ鍵を用いる
  共通鍵暗号
- **6-3** 暗号化と復号に異なる鍵を使う
  公開鍵暗号
- **6-4** 送信前と送信後のデータを確認する
  ハッシュ関数

Chapter 6　暗号の基本を理解する

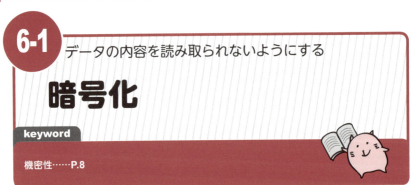

6-1 データの内容を読み取られないようにする

暗号化

keyword

機密性……P.8

　そもそも暗号化とはどのようなことを指すのでしょうか。1つずつ順を追って見ていきたいと思います。

誰でも内容を見ることができる平文

　「平文」とは、暗号化されていないデータのことです。平文は、第三者が内容を見ることができてしまいます。日常生活に置き換えると、2人で会話をしていれば、その内容が他人にも聞かれてしまうような状況です。また、ハガキを相手に送る際も、送り届けるまでの間に誰かにその内容を見られてしまいます。

　情報システムの世界でも、平文での通信が多く使われています。たとえば、誰かが特定のページを見た、メールサーバからメールを受け取ったなど、日常的によく発生する通信は基本的に平文でやりとりされることが多いです。

データの内容を秘密にするための暗号化

　平文でやりとりすると、通信の途中でその内容を見ることができてしまう状態となります。これではデータの送信者と受信者の間でだけ秘密のデータをやりとりしたい場合に困ってしまいます。第三者にデータの内容を知られないようにするための技術が「暗号化」です。

　暗号化は一般的に、特定の法則に基づいて平文を変換し、第三者に内容

を読み取られないようにすることを指します。すなわち、データの機密性を守るための技術です。

たとえば、「いちご」という文字列を、他人には読み取られないように相手に送りたい状況があるとします（図6-1-1）。「い」→「お」のように、「いちご」の各文字を3文字後ろの文字に置き換えると、一見意味のない「おとず」という文字列になります。受け取る相手も、「3文字後ろの文字に置き換える」という規則で文字列が送られることがわかっていれば、「おとず」を「いちご」に戻して内容を判別できます。

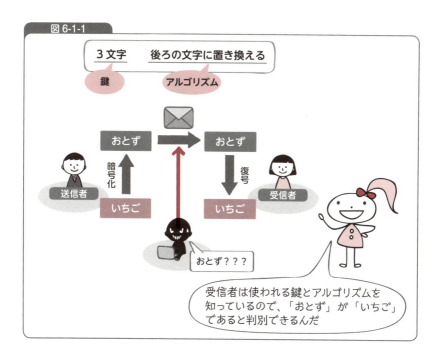

図6-1-1

重要なのは暗号化アルゴリズムと鍵

暗号化で重要になるのが、「暗号化アルゴリズム」と「鍵」です。

暗号化アルゴリズムは、どういう規則で暗号化するかを決めるものです。前述の例では、「文字を後ろの文字と置き換える」ことが該当します。鍵

は、暗号化アルゴリズムを使ってどの程度暗号化するかを決定する要素であり、前述の例では「3文字」が暗号の強度を決める鍵になります。

暗号化アルゴリズムを難しくする

「3文字後ろの文字と置き換える」という例は、非常に簡単な暗号方式であり、第三者にも容易に読み取られてしまうため、暗号としては脆弱です。

暗号化アルゴリズムを難しくすれば、それだけ第三者に読み取られる危険性は少なくなります。たとえば、「事前に作成した文字の変換表に従って文字を変換していく」というアルゴリズムを使えば、その規則を誰かに知られない限りは暗号文の解読は困難になります。しかし、その分、送信者と受信者の間で決める規則は難しくなり、これをコンピュータに置き換えれば、難しい分だけ処理能力が求められます。

鍵を複雑にする

アルゴリズムと同様に、鍵を複雑にすることでも暗号文を読み取りにくくすることが可能です。一般的に、使う鍵と鍵穴が一致しないと鍵を開けることができません。暗号文も同じで、暗号化する送信者と復号する受信者が同じ鍵を使わないと解読できません。当たり前のようですが、2人の間で長さと内容が異なる鍵を使っても解読できないため、送信者と受信者で同じ鍵を使うことが非常に重要です。

暗号化アルゴリズムに使う鍵は何らかの文字列であり、長さをnビット長とするため、鍵を複雑にすることを「鍵を長くする」と表現することもあります。前述の例では鍵の長さを「3文字」にしていますが、これを「10文字」にすればその分、第三者には推測されにくくなります。ただし、実際の鍵は文字列となるため、複数の文字列パターンを試していくことでいつかは解読できることになります。

暗号化したデータを元に戻す復号

暗号化されたデータは、当然そのままでは人間が読み取れる形式のものではありません。暗号化されたデータを元の読み取り可能なデータに戻すことを「復号」といいます。受信者以外の第三者が暗号文を読み取って平文を復元しようとする行為を「解読」と呼びます。

> **COLUMN　戦争と暗号**
>
> 　インターネットがもともと軍事利用目的で開発されたように、悲しいことに暗号化と復号の技術も歴史上の大きな戦争で発展したという事実があります。第二次世界大戦の際には、ナチス・ドイツは機密情報のやりとりに「エニグマ暗号機」を利用していました。
> 　エニグマ暗号機は、大きめのタイプライターほどのサイズの機械で、置き換え可能な3つのローターとプラグボードを用いた複雑な機構が使われています。エニグマ暗号機に入力された文字は、1文字ずつ別の文字に置き換えられて出力され、暗号文となるしくみです。暗号化の際に使用したローターとプラグの設定さえ合っていれば、エニグマ暗号機に暗号文を通すことで誰でも復号が可能であるという特徴をもっていました。ナチス・ドイツはエニグマ暗号機を利用することで当初は戦力的に優位に立っていましたが、イギリスをはじめとした連合国側がエニグマ暗号解読機「ボンベ」を開発するとその均衡は崩れ、連合国側の勝利の一端を担うことになりました。
> 　ボンベを開発したイギリスのアラン・チューリングは、映画『イミテーション・ゲーム』のモデルにもなっており、どのようにエニグマ暗号が解読されたかを見ることができます。

Chapter 6 暗号の基本を理解する

6-2 暗号化と復号に同じ鍵を用いる
共通鍵暗号

keyword
ブルートフォース攻撃……P.65

　暗号方式は、大きく共通鍵暗号と公開鍵暗号に分かれます。本節と次節ではそれぞれの具体的なしくみと、代表的な暗号化アルゴリズムについて説明します。

共通鍵暗号とは

　「共通鍵暗号」とは、その名のとおり、暗号化と復号に同じ鍵を使用する暗号方式です。対称鍵暗号、対称暗号、秘密鍵暗号と呼ばれることもあります。同じ鍵を使用するので、暗号化と復号のスピードが比較的速いのが特徴です。

共通鍵をどのように共有するか

　同じ鍵を送信側、受信側で使用するため、鍵はあらかじめ何らかの方法で共有する必要があります（図6-2-1）。これが共通鍵暗号の問題点です。受信側と送信側で鍵を受け渡そうにも、そのための通信が平文で行われていたりしたら、第三者に鍵を盗み取られてしまうことになり、その後の暗号化通信がまったく意味をなさないものになってしまいます。

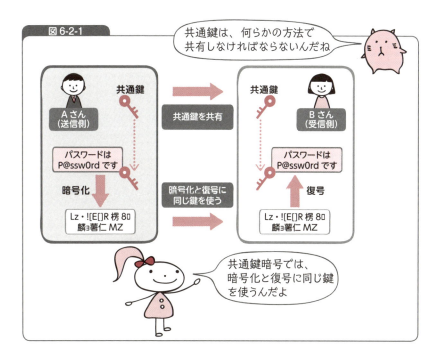

共通鍵の数が多くなると管理が煩雑になる

送信側と受信側がそれぞれ1人ずつなら問題はありません。たとえば、受信側が3人いた場合を想定してみましょう。このとき、3人に対して同じ鍵を使ってしまうと、1人だけにデータを送りたいのに、残りの2人もデータの内容を見ることができてしまいます。そのため、通常は受信者ごとに異なる鍵を使用します（図6-2-2）。つまり、送信側は異なる鍵を3つもつことになり、管理が煩雑になってしまいます。受信者が100人、1,000人となると、とても管理し切れなくなります。これが共通鍵暗号のもう1つの問題点です。

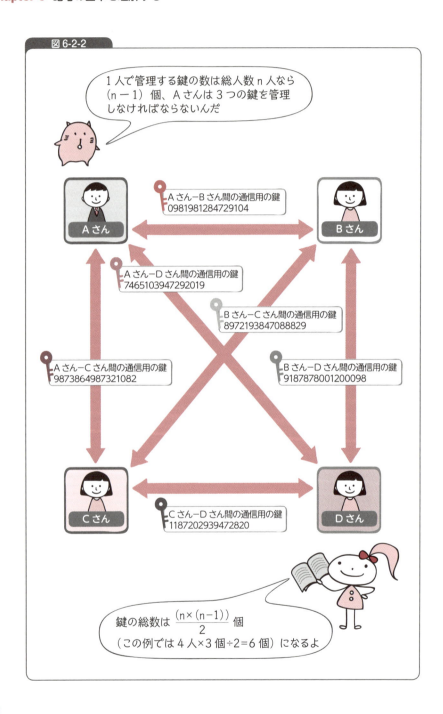
図6-2-2

暗号方式としてはシンプルでわかりやすい半面、実際の管理・運用の際に、鍵の共有や管理の煩雑さが問題になります。そのため、現在は共通鍵暗号を単独で利用することはほとんどありません。鍵の受け渡しを別のプロトコルで行ったり、公開鍵暗号と組み合わせて利用したりします。

代表的な共通鍵暗号

DES（Data Encryption Standard）

「DES」（「デス」と読む）は、1977年に米国の連邦情報処理標準規格（FIPS）に採用された共通鍵暗号方式です。米国のみではなく世界中あらゆるところで広く用いられてきました。

DESで使われる鍵長は64ビットですが、実際には7ビットおきにエラー判断用の1ビットが入るため、実質的な鍵長は $64 \div 8 \times 7 = 56$ ビットになります。単純に考えれば、56ビット長で扱える鍵の種類は 2^{56} 通りとなるため、十分な長さのように思えます。

しかし、コンピュータの進歩により、現在ではブルートフォース攻撃[注1]によって市販のコンピュータでも解読できてしまうレベルにまで強度が落ちてしまいました。

RSA社主催のDES Challenge（DESの鍵を見つけ出すコンテスト）では、1997年には96日、1998年には41日、1999年には22時間15分[注2]でDESの鍵を見つけることができました。

今後もコンピュータの処理性能はどんどん上がっていくことが予想され、DESの解析にかかる時間はどんどん短くなっていくはずです。新しく構築するシステムにDESを使用するのは危険と言えます。

3DES

「3DES」（「トリプルデス」と読む）とは、DESよりも強力な暗号化を

[注1] 鍵のあらゆるパターンを機械的に試して解読しようとする攻撃のこと。4桁のダイヤル鍵であれば、0000〜9999までの10,000通りの組み合わせを試行する。
[注2] インターネットに接続された10万台近いコンピュータを使って解読した。

実現するため、DES を 3 段重ねでできるようにした暗号化アルゴリズムです。1998 年に IBM 社により考え出されました。

3DES では DES の処理を 3 回行うため、鍵長は 56 ビット× 3 = 168 ビットとなります。3DES はいまだに暗号解読がされていない暗号方式ですが、将来的にコンピュータの処理能力が向上すれば解読は可能とされ、NIST では 2030 年までの使用にとどめることを推奨しています。新しい暗号化アルゴリズムとして AES が存在しますが、AES に対応していない機器やシステムも存在することにより、互換性を保つ意味でもまだ使用されています。

AES（Advanced Encryption Standard）

「AES」は、標準的に使われていた DES に代わって、新しい標準として作られた暗号化アルゴリズムです。AES は、もともと米国の標準化機関である NIST が暗号化アルゴリズムを公募した結果、選定されたものです。

選定時には重視されたのは次の点です。

- **世界中で制限なく無料で使用できること**
- **暗号化・鍵の実装のスピードが速いこと**
- **シンプルで実装がしやすいこと**
- **世界中に公開されたうえで、暗号強度を保てること**

結果として、ベルギーの研究者ホアン・ダーメンとフィンセント・ライメンが設計した Rijndael（「ラインダール」と読む）というアルゴリズムが AES として選定されました。

AES の鍵長は 128 〜 256 ビットから 32 ビット単位で選択できます。広く使われているのは 128 ビットまたは 256 ビットです。AES は現在、広く実装されている共通鍵暗号方式の中では最も安全と言えるでしょう。

6-3 暗号化と復号に異なる鍵を使う
公開鍵暗号

keyword
SSL/TLS……P.95

公開鍵暗号とは

「公開鍵暗号」は、暗号化と復号に使う鍵を分ける暗号方式です（図6-3-1）。暗号化に使う鍵を公開することから、名前が付けられました。暗号化の鍵を「公開鍵」、復号の鍵を「秘密鍵」と呼びます。

公開鍵暗号方式では、初めに、受信者側で一対の公開鍵と秘密鍵（「鍵ペア」という）を作成します。公開鍵で暗号化した暗号文は、秘密鍵でなければ復号できません。

受信者は、公開鍵を送信者に送ります。メールで送っても、Webサイトで全世界に向けて公開してもかまいません。こうすることで、公開鍵をもっている人なら誰でも、暗号文を作れるような状況にします。誰でも暗号文を作成できますが、その暗号文を復号できるのは、鍵ペアのもう一方、秘密鍵をもっている受信者のみです。そのため、秘密鍵は他人に絶対に知られてはなりません。第三者はおろか、通信相手の送信者にも知られてしまえば、暗号文は意味をなさないものになってしまいます。

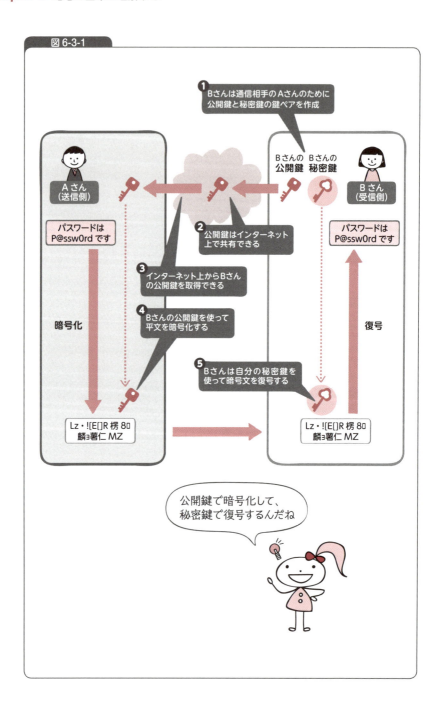

鍵を公開することで、共通鍵暗号で問題となる鍵の管理・運用の問題を解決します。誰でも使える形式にして公開することで、鍵を別の経路で送るといった、鍵の共有のための手間が不要になります。公開鍵は共通で1つだけでよいため、復号のための秘密鍵も通信する相手の数にかかわらず、1つだけあればよいことになります（図 6-3-2）。共通鍵暗号の鍵の総数の問題も解決できます。

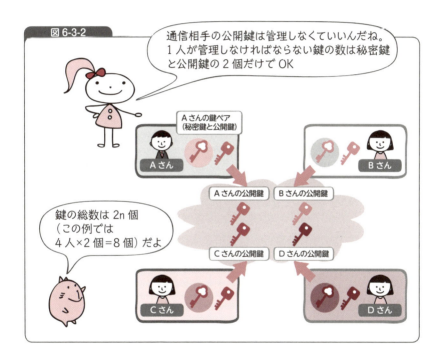

図 6-3-2

処理に時間がかかる

このように良いことずくめにも見える公開鍵暗号ですが、やはり問題はあります。処理時間が共通鍵暗号方式に比べて何百倍も遅いということです。公開鍵は常に「公開」されているので、鍵の有効期間が非常に長いことが影響しています。1回の通信の間だけ有効であればよい共通鍵暗号の鍵と比較して、公開鍵暗号は鍵長を長くしておかなければ、解読されてし

まう危険性があります。鍵長を長くした分、処理速度が遅くなってしまうというわけです。

代表的な公開鍵暗号

RSA

「RSA」は、開発者であるロナルド・リベストのR（Rivest）、アディ・シャミアのS（Shamir）、レオナルド・エーデルマンのA（Adleman）を取って名付けられました。

RSAでは、素数（2、3、5……のように、自分自身の数と、1以外で割り切れることのできない自然数）を2つ掛け合わせた数を使って、公開鍵と秘密鍵の鍵ペアを作り出します。

たとえば、掛け合わせた数を「55」とすると、使われている素数は人間でも素因数分解により「5」と「11」と簡単に割り出せます。もととなる素数の桁数を増やして「55963」という数を作り出せば、使われている素数は「191」と「293」となります。ですが、素因数分解でもととなる素数を割り出すのはかなり難しくなります。ただし、「55963」という結果と、もとの素数の1つが「293」であることがわかっていれば、もう1つの素数が「191」であると導き出すことは簡単です。RSAでは、この素因数分解の難しさ、簡潔性を利用しています。

RSAの鍵長は、現在では2,048ビット以上がグローバルスタンダードです。以前1,024ビット長の鍵が広く普及していましたが、コンピュータの処理能力の向上や暗号解読の技術の発達から解読される危険性が高まり、NISTが警告を鳴らしました。それに業界全体が追従する形で、鍵長1,024ビットのRSAは新規システムでは使用されなくなっています。

楕円曲線暗号（ECC：Elliptic Curve Cryptography）

RSAでは素因数分解という数学的性質を利用しますが、「楕円曲線暗号」

では離散対数問題という性質を利用します。ある素数と特定の数を使ったべき乗の計算は簡単でも、「その答えからもともと使った数を求める」ことは困難であることを利用した暗号方式です。

　RSAは、鍵長を長くすれば解読の危険性は少なくなる分、復号を行う処理にはコンピュータの処理能力を多く使わなければなりません。楕円曲線暗号は、RSAと比較して短い鍵長でも同程度のセキュリティを提供できるため、鍵長を短くでき、コンピュータやシステムへの負荷が少なくて済むという利点があります。ApacheなどのWebサーバ、Internet ExplorerやFirefoxといったWebブラウザなど、楕円曲線暗号に対応している製品は数多くあります。

ハイブリッド暗号

　共通鍵暗号は処理時間は速いが鍵の運用管理が困難である、公開鍵暗号は鍵の情報を安全に保持できるが処理速度が非常に遅いという問題があります。この2つの方式の利点を組み合わせたのが、「ハイブリッド暗号」方式です（図6-3-3）。

　ハイブリッド暗号では、暗号化は共通鍵を利用して行い、共通鍵の受け渡しには受信側で作成した公開鍵を使います。こうすることで、共通鍵を安全に、手間をかけずに送ることが可能です。また、共通鍵は、送信側で1回の通信だけで使い捨てるものとして作られます。そのため、この共通鍵を「セッション鍵」と呼びます。暗号化はセッション鍵を使用して行われるため、コンピュータへの負荷も小さくて済みます。ハイブリッド暗号のしくみは、SSL/TLSでも使われています。

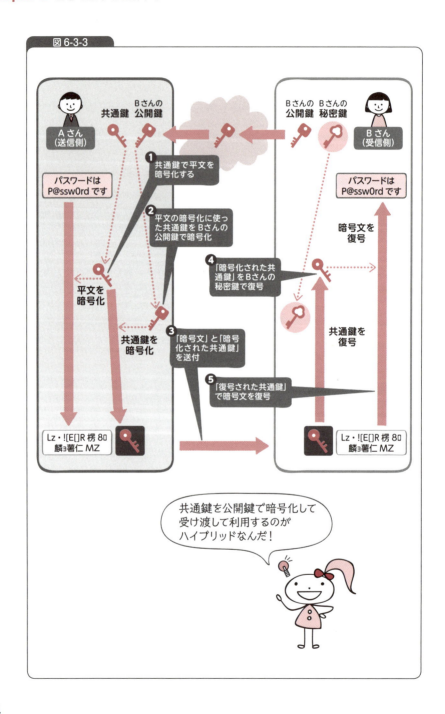

6-4 ハッシュ関数

送信前と送信後のデータを確認する

ハッシュ関数

keyword

完全性……P.8、ワンタイムパスワード……P.63、脆弱性……P.214

ハッシュ関数とは

「ハッシュ関数」は、データが「送られる前」と「送られたあと」で、等しいものであることを確認するための方法です。本物であることを示す性質のことを、完全性または正真性と呼びます。データが小さいものであれば、データ自体を送受信の前後で比較すればよいですが、メッセージが大きくなれば、そのもの自体を比較することは手間も時間もかかり、非常に難しくなります。それを解消するのがハッシュ関数（一方向暗号）です。ハッシュ関数は、改ざんの検出やワンタイムパスワードなどさまざまな用途で利用されています。

ハッシュ関数では、データを関数に読み込ませて一定のハッシュ値を計算します（図6-4-1）。ハッシュ値の長さは、元のデータの大きさに関係なく、特定の長さ（数十～数百ビット）となります。

ハッシュ関数で計算されるハッシュ値は、元のデータがたとえ1ビットでも異なるものであれば、異なるハッシュ値となります。元のデータが完全に同じものであれば、同じハッシュ値となるため、データの完全性を確認できます。

Chapter 6 暗号の基本を理解する

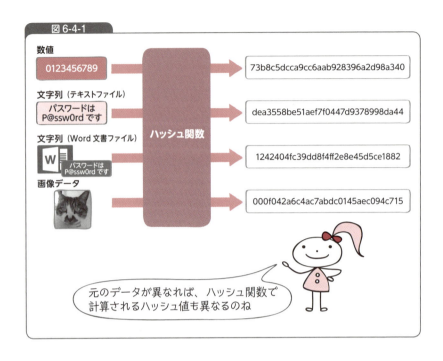

ハッシュ値の弱衝突耐性と強衝突耐性

　ハッシュ値からは、元のデータを逆算できません。これを一方向性といい、その特徴からハッシュ関数は一方向暗号とも呼ばれます。暗号と名が付いているものの、共通鍵暗号や公開鍵暗号では暗号化されたデータを復号により元に戻せますが、ハッシュ関数は一度計算してしまえば元のデータに戻せないのが特徴です。

　「あるデータから作られたハッシュ値と同じハッシュ値をもつ、異なるデータ」を探し出すことや、「同じハッシュ値をもつ、2つの異なるデータのペア」を探し出すことは非常に困難です（図 6-4-2）。前者を弱衝突耐性、後者を強衝突耐性と呼びます。これらの性質も、ハッシュ関数が完全性を担保することを証明しています。

6-4 ハッシュ関数

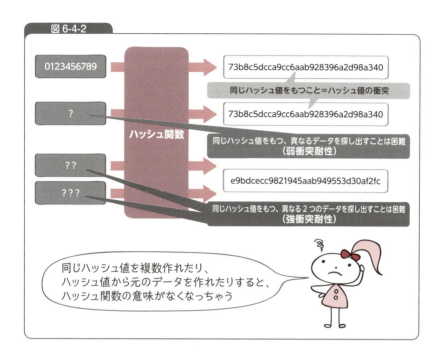

代表的なハッシュ関数

● MD4（Message Digest 4）、MD5（Message Digest 5）

　「MD4」（「エムディーフォー」と読む）は、RSAの開発にも関わったロナルド・リベストが作ったハッシュ関数です。128ビットのハッシュ値が作成されます。現在は脆弱性が発見され、同じハッシュ値を別のデータから作成できるようになっていることから、安全なものではなくなっています。

　「MD5」（「エムディーファイブ」と読む）は、MD4と同じくリベストが1991年に作ったハッシュ関数で、128ビットのハッシュ値が作成されます。こちらも脆弱性が発見されており、現在ではほとんど使われません。

SHA-1（Secure Hash Algorithm-1）

「SHA-1」（「シャーワン」と読む）は、NISTで作られたハッシュ関数で、160ビットのハッシュ値が作成されます。以前は広く用いられていましたが、理論的に解読できる可能性があるため、2010年暗号化アルゴリズム問題が叫ばれてから使用が避けられています。

SHA-2（Secure Hash Algorithm-2）

SHA-1の脆弱性が発見されてから開発されたのが「SHA-2」（「シャーツー」と読む）です。SHA-2には、SHA-224、SHA-256、SHA-384、SHA-512の種類があり、それぞれ224ビット、256ビット、384ビット、512ビットのハッシュ値が作成されます。SHA-1の脆弱性を回避する意味合いで作られており、まだ破られていないことから安全な関数であると言えます。現在ではSHA-1からSHA-2への移行が進んでいます。

NISTでは、SHA-3（「シャースリー」と読む）として新しいハッシュ関数を公募し、2012年に選定されました。ゆくゆくはSHA-3が将来的なスタンダードになっていくと思われます。

暗号化アルゴリズムの2010年問題

米国のNISTは、2005年に「3DES」「鍵長1,024ビットのRSA」「SHA-1」についてはコンピュータ技術の発展や暗号解読技術の進歩を理由に、安全性を担保できないという指針を示しました。2010年をもって、政府機関が使わなければならない暗号化アルゴリズムから、これらを廃止することを決定したのです。実際に2011年以降、暗号化アルゴリズムを取り扱う企業、製品からこれらに代わる技術が実装され、2012年頃からは旧式の技術は廃止される傾向になりました。日本でも、2013年に政府機関が追従する動きを見せたことで、各社が取り扱う製品もこれにならって古い技術の使用を禁止・廃止しました。

Chapter 7

暗号を利用する技術

Chapter 6 では暗号の基本について見てきました。
本 Chapter では、セキュリティを保護するために暗号を使っているさまざまな技術について説明します。

7-1	正しい人物を識別する **認証**
7-2	インターネット上で通信を暗号化する **SSL/TLS**
7-3	HTTP通信を暗号化する **HTTPS**
7-4	仮想的な専用ネットワークを実現する **インターネットVPN**
7-5	無線LANを暗号化する **WEP、WPA、WPA2**

Chapter 7 暗号を利用する技術

7-1 正しい人物を識別する
認証

keyword
アカウント……P.60、公開鍵暗号……P.79

認証とは

インターネットでは相手の顔が見えないため、通信の相手を見た目で判別できません。しかし、「相手が正しい人物であること」を証明する情報を使って、正しい人物を識別することができます。これが「認証」です。情報セキュリティを確保するためには、認証により正しい相手を識別したうえで暗号化通信を行うことが必要です。

認証は、対象の名前（アカウント名やユーザIDなど）について、正しいものであること、正当性を検証することです。たとえば、メールを使う場合、メールのアカウント名とパスワードにより認証を受けなければなりません。

しかし、それだけでは、アカウント名とパスワードが漏洩すると、攻撃者による「なりすまし」や「データの改ざん」などが可能になってしまいます。そのため、送信者が正しい人物であること、データが改ざんされていないことを証明するために、「電子証明書」を利用します。

電子証明書とは

一般社会では、運転免許証や保険証などの証明書により認証が行われます。証明書には、本人の写真や名前、生年月日などの個人情報が記載されています。また、証明書は、誰もが信頼する組織から発行されたものでなければなりません。たとえば、都道府県の公安委員会が発行する運転免許証は、「車を運転する資格があること」を認めるものであり、本人であるこ

とを証明します。偽物の組織が発行した証明書は、それ自体が偽物と考えられます。

電子証明書にも、自分自身の情報が記載されます。電子証明書を発行するのは、「認証局（CA）」と呼ばれる機関です（図7-1-1）。認証局は、公的な組織として信用された機関でなければなりません。政府や一般企業が認証局として電子証明書を発行している場合もあります。日本では、グローバルサイン、サイバートラスト、シマンテックなどがよく知られています。製品として販売されていたり、無償のアプリケーションに組み込まれていたりもするので、自分自身で認証局を作り、そこから証明書を発行することも可能です。

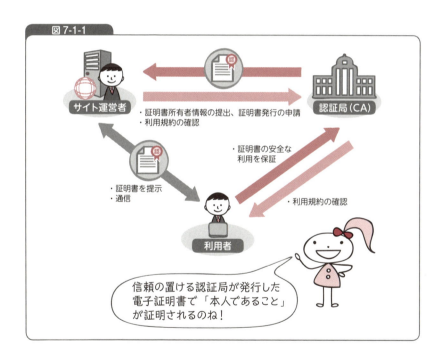

図7-1-1

電子証明書と公開鍵暗号

暗号化通信を行う前には、相手が「正しい相手」であることを認証する

必要があります。共通鍵暗号であれば、自分と相手が同じ共通鍵をもっていることが「正しい相手」である証明になります。鍵が違えば、暗号化通信はできません。公開鍵暗号では、相手の公開鍵を使用して暗号化を行います。しかし、公開鍵を直接手渡してもらえない限り相手の顔は見えないため、その公開鍵が本当に相手が作ったものなのか確認できません。

この問題を解消するために、認証局および電子証明書が役立ちます（図7-1-2）。認証局は、発行対象の「相手」の公開鍵を電子証明書に付けて発行、配布します。「自分」は、「相手」の公開鍵の本人確認を認証局に任せることができます。

電子証明書を受け取った「自分」は、「相手」の公開鍵を使って通信を暗号化できます。暗号化された通信を復号できるのは、秘密鍵をもっている「相手」だけなので、「自分」は「相手」が正しい相手であることをわかったうえで、安全に暗号化通信を実施できます。

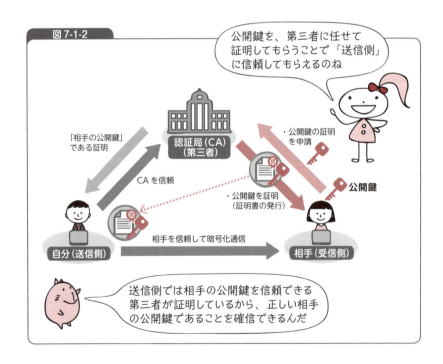

PKIとは

認証局は、公開鍵暗号を使用した「PKI (Public Key Infrastructure)」というしくみの上で成り立っています。PKIとは、証明書を正しく発行して配布し、配布された証明書によってネットワーク上でお互いを認証し合い、暗号化された通信を安全に行うためのしくみです（図7-1-3）。

PKIの利用者

「PKIを使って自分の公開鍵を認証局に登録したい相手（受信側）」と「認証局に登録された公開鍵を使いたい自分（送信側）」です。

相手（受信側）は次の手順で公開鍵を登録します。

- 鍵ペアを作成する（認証局が作成する場合もある）。
- 認証局に公開鍵を登録する。
- 認証局から証明書を発行してもらう。
- 受信したデータ（暗号文）を自分がもつ秘密鍵で復号する。

自分（送信側）は、データを公開鍵で暗号化して送信します。

認証局（CA）

証明書の管理を行う機関です。次の役割を担います。

- 鍵ペアを作成する（利用者が作成する場合もある）。
- 公開鍵を登録する際に、本人を認証する。
- 証明書を作成して発行する。

認証局は、「公開鍵の登録と本人の認証」を行う登録局（RA）と、「証明書の発行」を行う発行局（IA）に分ける場合もあります。

Chapter 7 暗号を利用する技術

● リポジトリ

証明書を保存するデータベースのことです。

- 発行された証明書を保管する。
- 発行された証明書を配布する、または利用者から取得可能にする。
- CAの証明書（ルート証明書）を配布する。
- CRL（証明書失効リスト）を配布する。

利用者の証明書が正しいものであることを認証するためのルート証明書や、失効させた証明書のリストであるCRLも、リポジトリから配布します。

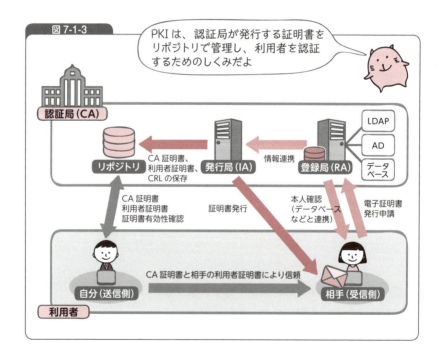

図7-1-3

7-2 インターネット上で通信を暗号化する
SSL/TLS

keyword

暗号化……P.70、認証……P.90、共通鍵暗号……P.74、
公開鍵暗号……P.79、ハッシュ関数……P.85、HTTP……P.43、
SMTP……P.39、POP……P.39、IMAP……P.39、電子証明書……P.90

SSLとは

「SSL（Secure Socket Layer）」は、Netscape社が1994年に開発した「Netscape Navigator」というWebブラウザに実装されたプロトコルです。その後に作られたさまざまなWebブラウザ製品に採用されたため、事実上の標準技術となりました。

SSLにより、通信の暗号化や通信相手の認証が可能になります。SSLでは、共通鍵暗号、公開鍵暗号、ハッシュ関数を選択して利用できます。1995年に発表されたSSL 3.0が最後のバージョンです。

TLSとは

「TLS（Transport Layer Security）」は、1999年にIETFによってSSL 3.0をもとに作成されました。TLS 1.2が最新バージョンです。SSLの後継的なプロトコルであり、SSLという名前が広く知られていたことから、SSLと呼ばれることがあります。本書では、SSL/TLSという表記で統一します。

SSL/TLSの用途

SSL/TLSは、HTTP、SMTP、POP3、IMAPなどインターネットに関するさまざまな技術と組み合わせて使用できます（図7-2-1）。こういったア

Chapter 7 暗号を利用する技術

プリケーション層のプロトコルの下、トランスポート層の上で動作するため、SSLとともに使う技術はSMTP over SSLやPOP over SSLといった名称になります。その他にも、無線LAN通信の暗号化に使われています。

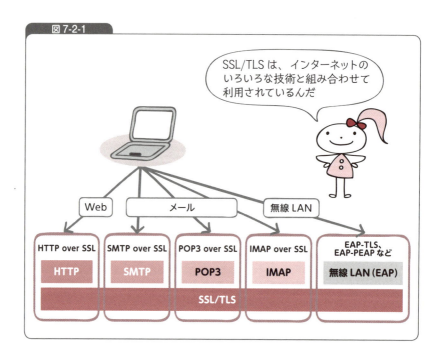

図7-2-1

SSLサーバ証明書

電子証明書には、サーバを認証するサーバ証明書と、クライアント端末を認証するクライアント証明書があります。実際に使われているのはTLSですが、一般的にSSL証明書と呼ばれます。

「SSLサーバ証明書」は、利用者がサーバを認証するためのものです（図7-2-2）。たとえば、HTTPSの場合、クライアント（Webブラウザ）でサーバ証明書が正しいものであると確認できれば、すなわち認証が成功すれば、共通鍵を生成してサーバ証明書に添付している公開鍵を使って暗号化してWebサーバに送ります。Webサーバは公開鍵とペアになる秘密鍵

で共通鍵を復号します。その後、WebブラウザとWebサーバの間で共通鍵を使った暗号化通信が可能になります。

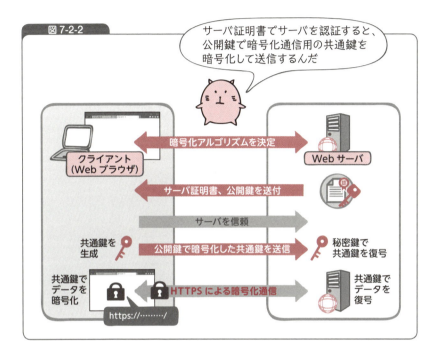

図7-2-2

SSLクライアント証明書

クライアント端末を認証するための「SSLクライアント証明書」も存在します（図7-2-3）。SSLサーバ証明書とは逆に、Webサーバが利用者の正当性を確かめるためのものです。たとえば、一部の利用者にのみアクセスを制限したい場合に、正当な利用者であることを確認するために使用します。

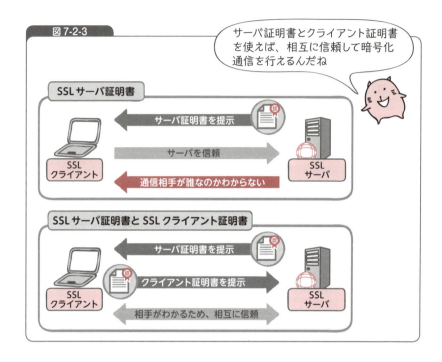
図7-2-3

　SSLクライアント証明書の発行対象は、クライアント端末（パソコン、スマートフォン、タブレットなど）自体と、端末を利用するユーザの2種類に分かれます。証明書は、パソコンにファイルとして格納する場合や、ICチップに格納されて身分証明書に埋め込まれる場合があります。
　クライアントの数はサーバよりも桁違いに多くなるため、運用時には証明書の配布方法や有効期限の更新方法などに注意が必要です。

7-3 HTTP通信を暗号化する
HTTPS

keyword

HTTP……P.43、SSL/TLS……P.95、暗号化……P.70、
SSLサーバ証明書……P.96、認証局……P.91

HTTPSとは

「HTTPS（HTTP over SSL）」とは、SSL/TLS上でHTTP通信を行うプロトコルのことです。昨今のインターネットでは、Amazonや楽天といった通信販売サイトの拡大、インターネットバンキングの普及などで、大切な個人情報をWebページで入力するケースが増えています。WebブラウザとWebサーバ間でデータをやりとりするHTTPでは、平文で通信が行われ、盗聴による情報漏洩のリスクがあります。アカウント名とパスワード、重要な個人情報、クレジットカードの情報の入力を求めるようなWebサイトでは、HTTPの通信を暗号化するHTTPSの技術は必要不可欠です。

HTTPSではSSL/TLSがベースとなるため、Webサーバ側ではSSLサーバ証明書を使います。基本的に、クライアント側でSSLサーバ証明書を認証し、正しいものであると確認できれば、サーバ証明書に添付している公開鍵で共通鍵を暗号化してサーバに送り、その後共通鍵でデータを暗号化して通信を行います。サーバ側では秘密鍵を使って共通鍵を復号し、送られてきたデータを共通鍵で復号します。

SSLサーバ証明書は、通常公的な認証局から発行され、インターネット上に公開されますが、企業や組織がプライベート認証局で発行した証明書を社内向けサイトなどに利用するケースもあります。その際には、プライベート認証局のルート証明書（CA証明書）を利用者のWebブラウザであらかじめ認証しておくことで、その認証局から発行される証明書をWebブラウザで受け入れることができます。

HTTPSにまつわるセキュリティ上の脅威

公開鍵の鍵長

　HTTPSを使っていても、そこで利用する公開鍵の長さが1,024ビット以下の場合は、通信が盗聴により解読されてしまう危険性があります。RSAの公開鍵は暗号化の強度が絶対に安全であると言えなくなってきている状況です。

サイトのなりすまし

　HTTPSで利用する証明書は、プライベート認証局が発行したものでもかまいません。しかし、正規のWebサイトと同じ名称で不正な証明書を利用すれば、クライアントを騙すことが可能です。

　最近のWebブラウザは、発行元が公的な認証局ではない証明書に警告を出す機能を備えています。この機能を使い、警告をチェックしながら使えば問題はありません（図7-3-1）。企業や組織でプライベート認証局を使っている場合、その認証局の情報（ルート証明書）をあらかじめパソコンやWebブラウザに設定しておけば、警告が出ることはありません。

不正なWebサイト

　HTTPSを利用するWebサイト自体が不正なものである可能性もあります。HTTPSを使って暗号化通信を行っていても、詐欺や不正行為を行うためのサイトかもしれません。入力した情報を詐取されてしまうことは十分あり得るため、そのサイトの実在性、運営している組織の実在性を入念にチェックすることをお勧めします。

7-3 HTTPS

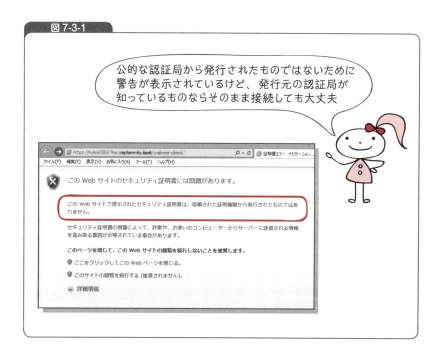

図 7-3-1

認証局の乗っ取り

　日本の認証局では報告されていませんが、公的な認証局が不正な組織に乗っ取られてしまい、不正に証明書が発行されてしまった事例があります（図7-3-2）。このような事態に陥ると、Webブラウザで不正をチェックすることができません。HTTPSを使っていても利用者側が必ず安全な状況にいるわけではないのです。

Chapter 7 暗号を利用する技術

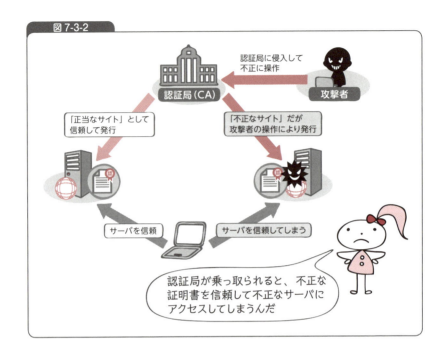

図 7-3-2

EV SSLサーバ証明書

　プライベート認証局は容易に構築できます。つまり誰でも電子証明書を簡単に発行できてしまいます。また、公的な認証局でも簡単な審査だけで電子証明書を発行できます。そのため、「証明書をもっていること」＝「絶対的に信頼できる相手」ではなく、証明書の信頼性がやや損なわれつつあります。数々のWebサイトで使われているSSLサーバ証明書の内容をそのつどチェックして確認すればよいのですが、実際にはそのようなわけにはいきません。

　そこでCA/Browser Forumにより、「EV SSL（Extended Validation SSL）サーバ証明書」のガイドラインが策定されました。EV SSL証明書は、証明書を所有する組織が物理的かつ法的に存在することを確認するなど、厳格に審査したうえで発行されます。

　この証明書が使われているサイトにHTTPSでアクセスすると、アドレ

スバーが緑色に変わる（Internet Explorerの場合）など、サイトが安全・適正なものであることを簡単に確認できるというメリットがあります（図7-3-3）。最新のWebブラウザの多くがEV SSLサーバ証明書に対応しているため、サイト側は利用者に安心と信頼を与えられます。ただし、暗号の強度はSSLサーバ証明書と変わらないことには注意が必要です。

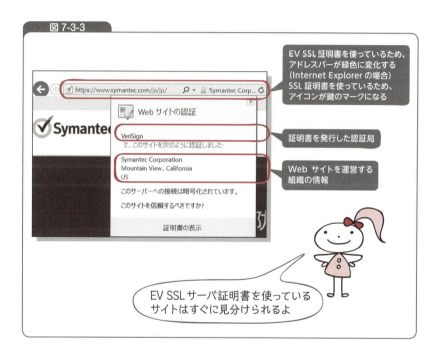

図7-3-3

中間者攻撃

　Webサーバや利用者になりすまし、通信を盗み取る攻撃も存在します。「中間者攻撃（Man-In-the-Middle Attack）」は、利用者とWebサーバの間でSSLにより暗号化されていない通信に割り込み、Webサーバになりすます攻撃手法です（図7-3-4）。利用者が偽のWebサーバであることに気づかずに入力してしまった個人情報が、攻撃者に盗み取られてしまいます。

Chapter 7 暗号を利用する技術

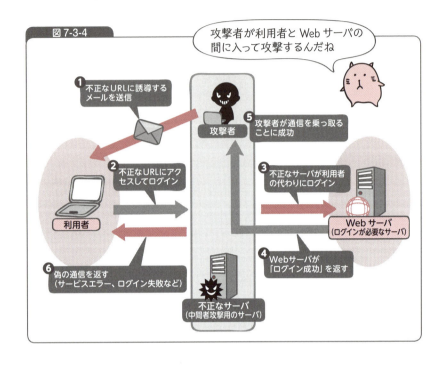

図7-3-4

　2009年にSSLstripというプログラムが発表され、Webサイトのなりすましが可能であることを実証しました。2010年にはFirefoxのアドオンツールとしてFiresheepが公開され、誰でも中間者攻撃を実現でき、利用者になりすますことが可能になりました。

　個人情報を入力するWebサイトはほとんどがHTTPSを利用していますが、それ以外の部分はHTTPを利用しているサイトが非常に多いです。中間者攻撃を防止するためにWebサイトのすべての部分でHTTPSを利用することを「常時SSL」と呼びます。実際、Googleは検索画面から検索結果の表示まですべての通信をHTTPSで行っています。HTTPSを利用すると手間や費用がかかりますが、Webサイトの安全な閲覧を実現する唯一の方法であると言えます。

　GoogleやYahoo!といった海外の大手サイト、TwitterやFacebookといった大手SNSでも常時SSLを推進しています。また、Webブラウザも、HTTPS通信の際に鍵マークを表示するだけでなく、HTTPSとHTTPが併

用されている場合に警告を出すようにする動きもあります。日本のWebサイトもこれに追随する動きを見せています。

マルウェアや攻撃をチェックできない

常時SSLにすると通信が暗号化されるため、サーバとクライアント以外は通信の内容を見ることができません。もし、その通信の中でマルウェアがダウンロードされたり攻撃者が利用者やWebサイトに攻撃をしかけたりしても、それを第三者がチェックできません。

この問題を解決するために、通信経路上に存在するプロキシサーバや専用の復号装置でHTTPSの通信をいったん復号して安全性をチェックしてから、再び暗号化して通信を継続するシステムを構築している組織があります。また、暗号化されていないクライアント側で、マルウェアの不審な動きやファイル構造をチェックして実行を阻止する製品を導入している場合もあります。

7-4 仮想的な専用ネットワークを実現する
インターネットVPN

keyword

TCP/IP……P.27、認証……P.90、暗号化……P.70、
SSL/TLS……P.95、HTTPS……P.99、公開鍵暗号……P.79

インターネットVPNとは

「VPN（Virtual Private Network）」は、ある拠点間の接続を1つの仮想的な専用ネットワークとして使えるようにするしくみのことです（図7-4-1）。主に企業のWAN（Wide Area Network）で使われます。WAN接続の主流はかつては専用線や広域イーサネットでしたが、インターネットの高速化や安定性の向上、VPN装置の性能向上に伴い、インターネットが広く使われるようになりました。専用線や広域イーサネットで使われるVPNを「IP-VPN」、インターネットで使われるVPNを「インターネットVPN」といいます。本節ではインターネットVPNについて説明します。

インターネットVPNの目的は、インターネットでトンネルを掘るように仮想的な専用ネットワークを構築し、安全な通信を実現することです。インターネットVPNは、通信の暗号化に使用する技術によって、IPsec-VPNとSSL-VPNに大別できます。

7-4 インターネットVPN

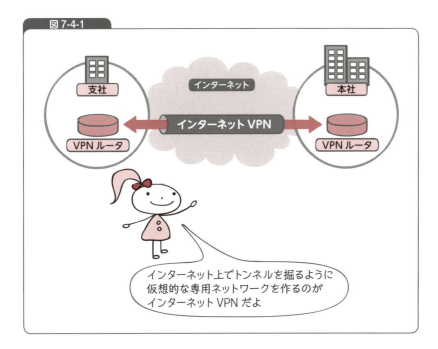

図 7-4-1

IPsec-VPNとは

「IPsec」(「アイピーセック」と読む) は、TCP/IP階層モデルのインターネット層のプロトコルで、認証や暗号化などの機能を提供します。「IPsec-VPN」は、インターネット上でIPsecを利用してVPNを実現する技術です。IPsec-VPNに対応した装置 (VPNルータなど) 間でIPレベルでトンネルを掘るように (「トンネリング」という) 接続を確立して暗号化通信を行います。そのため、IPに対応する任意のアプリケーションで利用可能です。

IPsec-VPNでは2つのフェーズにより接続を確立します (図7-4-2)。フェーズ1では鍵情報を安全に交換するためのトンネル (ISAKMP SA) を作成し、フェーズ2では暗号化通信を行うためのトンネル (IPsec SA) を作成します。フェーズ1とフェーズ2を実施するプロトコルをIKE (Internet Key Exchange) と呼びます。

Chapter 7 暗号を利用する技術

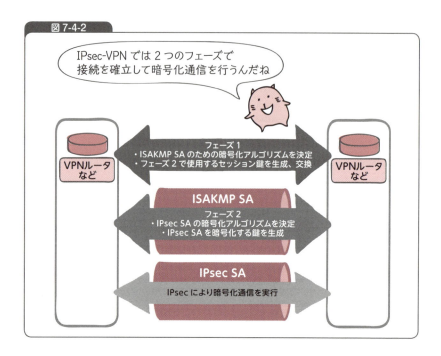

図 7-4-2

SSL-VPNとは

「SSL-VPN」は、インターネット上でSSL/TLSを利用して通信を暗号化し、VPNを実現します（図7-4-3）。SSL/TLSはWebサーバとWebブラウザ間で通信を行うHTTPSで使われているため、利用者側ではSSL-VPNに対応する装置（SSL-VPNゲートウェイなど）を用意しなくてもSSL-VPNを利用できます。そのため、個人の利用者から社内システムへのリモートアクセスに使われることがほとんどです。

SSL-VPNでは公開鍵暗号を使用するため、共通鍵暗号を使用するIPsec-VPNと比較すると、通信のスループットは低くなります。近年ではコンピュータの処理速度の向上により、スループットの問題はかなり改善されています。

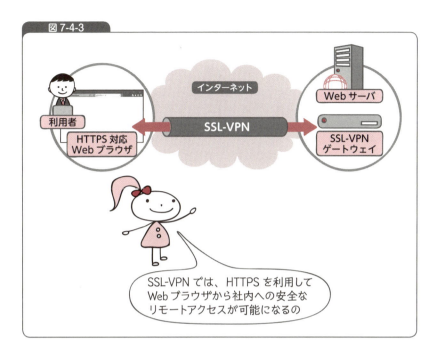
図7-4-3

企業におけるVPNの活用

　ひと昔前はIPsec-VPNが主流でした。IPsec-VPNを利用する場合、利用者の端末にはVPNクライアントソフトが必要です。Windows XPまではWindows OSのIPsec機能の使い勝手が悪く、サードパーティ製のVPNクライアントソフトが使われていました。

　その後、SSL-VPNが広く使われるようになりました。SSL-VPNにはいくつか方式があり、Webブラウザだけで利用できる方式をリバースプロキシ方式といいます。リバースプロキシ方式は手軽ですが、Webブラウザで動作しないアプリケーションを使えないという問題があります。この問題を解消するのが、ポートフォワーディング方式やL2フォワーディング方式です。この2つの方式を利用する場合はクライアントソフトが必要ですが、必要なモジュールを自動で配布・インストールする機能があることから、利用が増えています。

　IPsec-VPNやSSL-VPNを利用する場合、ユーザ認証が必要です。認証サーバにはRADIUS（Remote Access Dial-In User Service）、Active Directory（AD）、LDAP（Lightweight Directory Access Protocol）などの技術が使われます。アクセス制御がしやすいことから、認証サーバとしてRADIUSサーバを使う事例が多く見られます。

　新型インフルエンザの流行時や震災の発生時にはオフィスに出勤せず、自宅やサテライトオフィスで勤務するテレワークが重要視されるようになっています。また、働き方の変革により、オフィスに縛られずに外出先や出張先で作業を行うことも増えています。こういった場合、社外から社内のシステムに安全にリモートアクセスするために、VPNが必須です。クライアント側のOSでは、ユーザが意識せずとも自動的にVPNに接続する機能なども開発されています。今後、VPNの重要性はますます高くなっていくでしょう。

7-5 無線LANを暗号化する
WEP、WPA、WPA2

keyword
暗号化……P.70、認証……P.90、共通鍵暗号……P.74、
AES……P.78、SSL/TLS……P.95、VPN……P.106

　ノートパソコンをはじめ、スマートフォン、タブレットなどのモバイル端末の普及によって、無線LANの利用は一般的になっています。LANケーブルでつなぐ有線LANとは異なり、ケーブルを介さない無線LANでは、何も対策を講じなければ誰でも接続できてしまいます。安全を担保するために、暗号化と認証技術の利用は必須です。

無線LANとWi-Fi

　「無線LAN」とは、文字どおり無線を使ったLANのことです。無線LANの規格は、IEEE（The Institute of Electrical and Electronics Engineers、米国電気電子学会）によりIEEE 802.11としてまとめられています。
　一方、「Wi-Fi」は、無線LAN規格に対応した機器と相互接続が可能であることを認定するための規格です。Wi-FiAllianceがWi-Fi規格を満たしたと認定した機器をWi-Fi対応機器と呼び、Wi-Fiロゴの使用が許可されます。現在はほぼすべての無線LAN機器がWi-Fi規格を満たしているため、無線LANのことをWi-Fiと呼ぶ場合もあります。

無線LANがつながるしくみ

　無線LANを利用するには、インターネットに接続するルータと、そのルータに接続する「アクセスポイント」が必要です（図7-5-1）。両方の機能を備えた無線LANルータも使用できます。無線LANの規格では、使用

Chapter 7 暗号を利用する技術

する周波数帯や通信速度が決められています。そのため、アクセスポイントがサポートする規格によってアクセス時の通信速度が変わります。

パソコンやスマートフォンでは無線LANアダプタを使います。無線LANアダプタで、アクセスポイントを識別する「SSID(Service Set Identifier)」と通信の暗号化に使われる暗号化キー（パスフレーズやセキュリティキーとも呼ばれる）を設定し、正しい値であればそのアクセスポイントに接続して無線LANを利用できます。

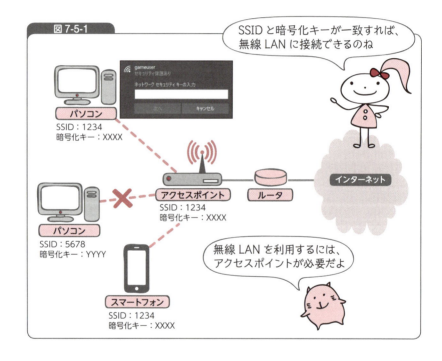

図7-5-1

無線LANにまつわるセキュリティ上の脅威

最近では、無償で利用可能な公衆無線LAN（Wi-Fiスポット）が増えてきました。しかし、こういった無線LANでは、セキュリティ対策をまったくしていなかったり、十分でなかったりする場合があります。暗号化が設定されていなければ、通信はいとも簡単に傍受されてしまいます。また、

データを傍受することを目的に、わざと誰もが簡単に利用できるように設定した悪意の無線LANもあります。

無線LANを安全に利用するためには、通信の暗号化が行われているか、暗号化の種類に注意する必要があります。

脆弱性が発見されたWEP

無線LANの認証と暗号化を行う技術に、「WEP（Wired Equivalent Privacy、「ウェップ」と読む）」があります。「RC4（Rivest Cipher 4）」という共通鍵暗号が使われており、家庭用のアクセスポイントやゲーム機に至るまで広く利用されてきました。

WEPは64ビットまたは128ビットの共通鍵を使用して暗号化を行います。鍵の先頭24ビットはIV（Initialization Vector、初期化ベクター）と呼ばれる固定長の文字列であり、実質的な鍵長は40ビットまたは104ビットしかありません。暗号化キーに英数字しか使えないという制限やRC4自体の脆弱性から、現在では簡単に解読できてしまいます。

旧式のアクセスポイントでは、いまだにWEPが使われていたり、デフォルト状態で意図せずWEPが有効になっていたりするものがあります。暗号化にWEPを使っているアクセスポイントは利用しないなどの対策が必要です。

WPA/WPA2

WEPに代わる技術としてWi-Fi Allianceが策定したのが「WPA（Wi-Fi Protected Access）/WPA2」です。WPAは、暗号化に「TKIP（Temporal Key Integrity Protocol）」を選択できます。TKIPはRC4より長い暗号化鍵を使い、さらに暗号化鍵を一定時間ごとに変更できるため、WPA-TKIPはWEPよりセキュリティが向上しています。ただし、TKIPについても脆弱性が報告されており、安全とは言えません。

WPA2は、暗号化アルゴリズムにAESを使うことが必須となっており、

現時点ではセキュリティ強度の高いプロトコルです。可能な限り、WPA2を利用することが推奨されます。WPA2を利用できなくても、WPAではAESを選択できる場合もあり、その際にはTKIPではなくAESを利用すべきです。

● WPA2の落とし穴

　WPA2で暗号化を行っていても、暗号化キーを共用していれば、通信を傍受され、解読される危険があります。特に、空港やホテル、大きなイベント会場などで同じ暗号化キーで利用する無線LANは、WPA2を使っていても必ずしも安全ではなく、自分の通信の内容が盗み見られる可能性があることを認識しましょう。

　また、利用者側で、アクセスポイントを検知したときに以前使ったSSIDと暗号化キーで自動的に接続する設定にしておくと、正当なアクセスポイントになりすました不正なアクセスポイントにつながってしまう危険もあります。たとえば、リオデジャネイロオリンピックでは、公式アクセスポイントに設定を似せた不正なアクセスポイントが乱立し、通信を傍受しようという動きがありました。

無線LANの危険を回避するために

● SSIDを確認する

　最も簡単な方法は、無線LANに接続する際にSSIDが正しいか、そのアクセスポイントに接続してよいかを確認することです。パソコンやスマートフォンでそのつど確認するように設定できますが、利便性は損なわれてしまいます。

SSL/TLSやVPNを利用する

　SSL/TLSやVPNを使えば、通信を覗き見られることはありません。どうしてもセキュリティ強度の低いWi-Fiを使わなければいけない場合は、検討してみましょう。

IEEE 802.1X認証を利用する

　「IEEE 802.1X認証」を導入してセキュリティを強化する方法もあります（図 7-5-2）。IEEE 802.1X認証では、認証されたデバイスのみ、無線LANに接続できます。アクセスポイント（オーセンティケータ）はクライアント（サプリカント）から接続要求を受けると、認証サーバに認証を依頼します。認証サーバから認証成功が返された場合にのみ、クライアントに接続を許可します。

　IEEE 802.1X認証では、「EAP (Extended Authentication Protocol)」という認証プロトコルを使います。EAPではクライアント認証だけでなく、サーバ認証も可能です。EAPには次のような種類があります。

- EAP-TLS（Transport Layer Security）：認証サーバとクライアントの両方を証明書によって認証する方式
- EAP-PEAP（Protected Extensible Authentication Protocol）：認証サーバを証明書で、クライアントをアカウント名とパスワードで認証する方式
- EAP-TTLS（Tunneled Transport Layer Security）：クライアントの通信を暗号化したうえで、アカウント名とパスワードで認証する方式

Chapter 7 暗号を利用する技術

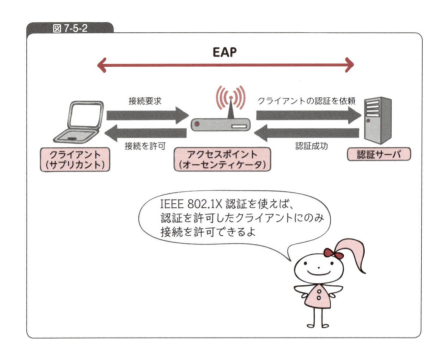

図7-5-2

家庭内で無線LANを利用する場合

　家庭内では、多くの場合、無線LANルータを使用します。無線LANルータ製品の多くはあらかじめ暗号化キーが設定されています。暗号化にWPA2が使用されていること、暗号化キーが設定されていることを確認し、暗号化キーを他人に知られないように注意しましょう。

COLUMN 暗号のあるべき姿

　暗号は、暗号化の鍵が知られてしまうと誰でも解読できます。鍵が簡単な文字列であったり、適切に管理していなかったりすれば、暗号は簡単に破られてしまいます。

　暗号化は、「安全な通信を作る」「絶対に破られない認証基盤を作る」ものではなく、あくまで「通信の解読を短期間で行わせないための遅延行為・遅延措置である」という認識をもちましょう。自分の家にどんなに強固な鍵をかけていても、時間をかけていろいろな方法を試せば、鍵を開けることは可能です。同様に、暗号もいずれは解読できるようになります。暗号化アルゴリズムに絶対に安全なものはありません。どんなに強い暗号化アルゴリズムが開発されても、コンピュータの処理能力が向上すれば、その暗号が破られてしまう日がくるのです。

　NISTが公募してAESを選定したときのように、暗号のアルゴリズムは秘密にすべきではなく、一般に公開しても解読されないものを規格化すべきです。誰も解読できないことで、強度の高さが証明され、安心感が高くなります。閉じたネットワークで独自の暗号化アルゴリズムを使用する事例もあるようですが、少しでも情報が漏れてしまえば、さまざまな情報がつながっている現代ではすぐに解読されてしまうでしょう。アルゴリズムが公開されてもなお、解読ができない暗号が強力な暗号と言えます。

Chapter 8

サイバー攻撃のしくみ①

サイバー攻撃にはさまざまな手口があります。対策を講じるためにはまずそのしくみを知らなければなりません。
Chapter 8 と 9 では、各種のサイバー攻撃について説明します。

- **8-1** デジタル資産を釣り上げる
  フィッシング詐欺①
- **8-2** 巧妙化する手口
  フィッシング詐欺②
- **8-3** 不正に侵入しデータを破壊する
  Webサイトの改ざん
- **8-4** マルウェアをしかけて標的を待つ
  水飲み場型攻撃
- **8-5** 攻撃のための下調べ
  ポートスキャン

Chapter 8 サイバー攻撃のしくみ①

8-1 デジタル資産を釣り上げる
フィッシング詐欺①

keyword
マルウェア……P.201、アカウント……P.60

　「フィッシング（Phishing）詐欺」とは、実在する組織やサービスを騙って個人情報やアカウント情報などデジタル資産を聞き出し、不正に窃取するオンライン詐欺の1つです。その語源には諸説[注1]ありますが、あなたのデジタル資産が「Fishing（釣り）」上げられる詐欺であると理解しておけばよいでしょう。

フィッシング詐欺の分類

　これまで犯罪者（Phisher）は「標的（誰を騙すのか）」や「手口（何をきっかけにして犯罪者のもとへ誘導するのか）」に応じて、さまざまなフィッシング詐欺の手口を生み出してきました（図8-1-1）。最近は、マルウェアと組み合わせた手口も確認されています。

フィッシング詐欺全般に共通する特徴

ソーシャルエンジニアリング：ヒトの心の弱さにつけ込む

　いずれのフィッシング詐欺においても共通するのが、ヒトの心理的な思い込みにつけ込み情報を盗み出すということです。このように、技術的な対策だけでは強化できない、ヒトの心の弱さにつけ込む攻撃手口を「ソーシャルエンジニアリング」と呼びます。

[注1] 英語圏におけるアルファベットの表記を字形や音が似た別の文字に置き換える言葉遊び「リートスピーク」になぞらえ、「Fi」が「Phi」と置き換えられた説や、偽装の手法が「洗練されている（sophisticated）」ことと「Fish」を組み合わせて「Phishing」と綴る説などがある。

8-1 フィッシング詐欺①

図 8-1-1

いろいろなフィッシング詐欺があるんだね！

標的
- スピアフィッシング：特定の人物に狙いを定めた詐欺
- ホエーリング：スピアフィッシングの一種。標的を経営層に限定し、高額な要求を行う

手口
- ビッシング：電話の音声案内を悪用して誘導
- スミッシング：携帯電話を狙うSMSを悪用して誘導
- ファーミング：不正な種（しかけ）を撒き被害者を待ち構える
- WiPhishing Evil Twin：ファーミングの一種。偽アクセスポイントを設置して利用者の通話内容を盗聴

フィッシング詐欺 ＋ マルウェア

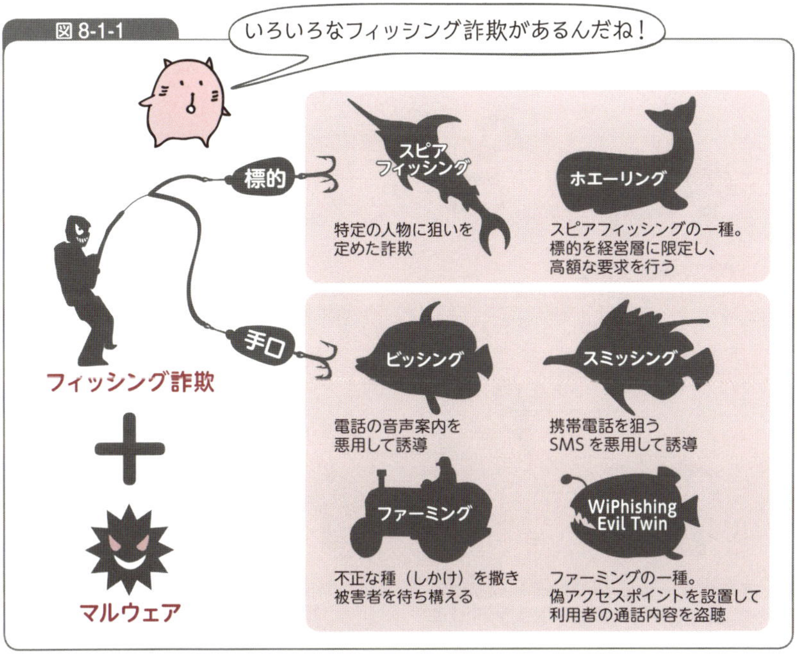

なりすましメールでフィッシングサイトへ誘導

　最も典型的なフィッシング詐欺とは、実在する信頼されている組織になりすました電子メール（フィッシングメール）を送りつけ、偽のホームページ（フィッシングサイト）へ誘導する文面により、URLをクリックさせ、そこに用意されている入力フォームに情報を入力させることです（図 8-1-2）。

　日本国内では、2004年5月にクレジットカード会社を装ったEメールが確認されました。同年11月には日本語のフィッシングメールによって、ルーマニアに設置された日本語のフィッシングサイトへ誘導する手口が明らかとなっています。その後もフィッシングサイトは、さまざまな国に設置され、同様のフィッシングメールも送信され続けています（図 8-1-3）。

　こうした状況を受け、2012年3月には「不正アクセス行為の禁止等に関する法」が改正され、なりすましなどの不正な手段を用いてIDやパスワードなどの情報を取得する行為が罰則対象となりました。

Chapter 8　サイバー攻撃のしくみ①

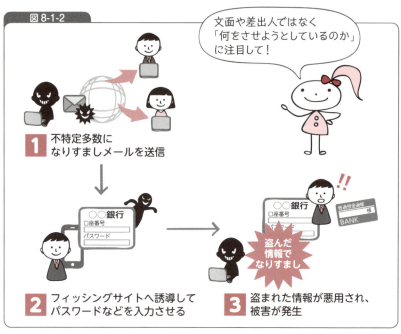

図 8-1-2

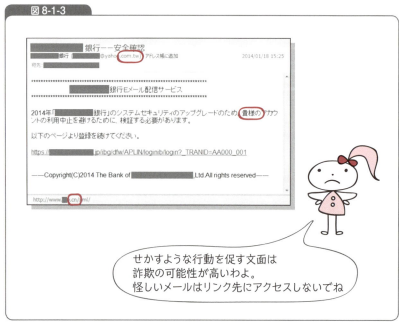

図 8-1-3

8-1 フィッシング詐欺①

COLUMN 増え続けるフィッシングメール

　日本国内におけるフィッシング詐欺被害の抑制を目的として活動している「フィッシング対策協議会」では、2009年よりフィッシング詐欺メールの報告件数を発表しています。これによれば、2014年の2万2,411件をピークに高い水準で推移しています（図8-1-A）。

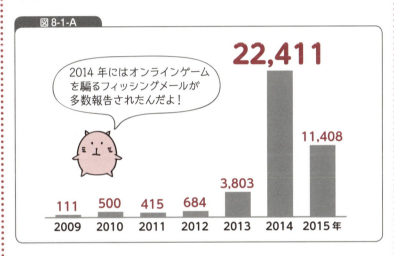

図8-1-A

2014年にはオンラインゲームを騙るフィッシングメールが多数報告されたんだよ！

22,411
11,408
3,803
111　500　415　684
2009　2010　2011　2012　2013　2014　2015年

COLUMN フィッシャーが狙っている業種やサービス

　フィッシング詐欺において標的とされる業種やサービスには地域的な特性が色濃く反映されます（図8-1-B）。フィッシング対策協議会が発表した資料によると、世界的に金銭に直結した金融機関が最も多く狙われている傾向があります。
　しかし、フィッシャーが狙っている標的は金融機関だけではありません。日本国内では過去に、中古車輸出支援サイトやISP（インターネットサービスプロバイダ）、大学などで使用されているWebメールなどを狙った被害（図8-1-C）も確認されています。特に、オンラインゲームのアカウント情報（ユーザIDやパスワード）を狙った被害が深刻です。
　ゲームを狙ったフィッシング詐欺の被害が高い傾向を示しているのは、世界的に日本特有の傾向であると言えます。その背景には、オンラインゲーム上のアイ

テムを実社会の金銭で売買する「リアルマネートレード」の存在が影響していると推測されています。オンラインゲーム内にしか存在しない仮想のアイテムが、現実の金銭で売買されるほどの価値をもっているのです。守るべきデジタル資産は、コンピュータ上の個人情報や金銭だけとは限らないことを知っておいてください。

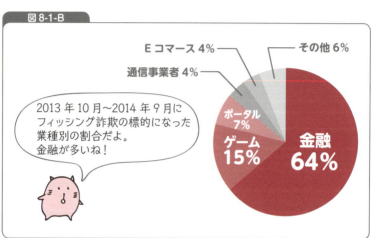

図8-1-B

2013年10月～2014年9月にフィッシング詐欺の標的になった業種別の割合だよ。
金融が多いね！

金融 64%
ゲーム 15%
ポータル 7%
通信事業者 4%
Eコマース 4%
その他 6%

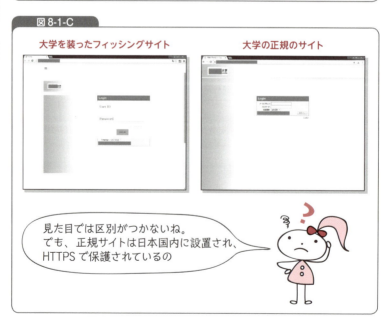

図8-1-C

大学を装ったフィッシングサイト　　大学の正規のサイト

見た目では区別がつかないね。
でも、正規サイトは日本国内に設置され、HTTPSで保護されているの

8-2 巧妙化する手口
フィッシング詐欺②

keyword
なりすまし……P.90、マルウェア……P.201、DNS……P.31、
無線LAN……P.111

秘密情報を聞き出すスピアフィッシング

「スピアフィッシング」とは、フィッシング詐欺の中でも、特定の団体や個人に標的を絞り秘密情報を聞き出す目的で行われる手口です。「標的型攻撃」や「APT（Advanced Persistent Threat）」とも呼ばれています。一般的なフィッシング詐欺は不特定多数に対してなりすましメールを送信しますが、スピアフィッシングではごく少数の人物に対してなりすましメールを送信することがその特徴です。

スピアフィッシングで悪用されるフィッシングメールは、フィッシャーが、攻撃対象の組織または個人のためだけに事前に標的の身辺調査を行い作り上げた「オーダーメイド」型の文面です。なりすましメールを作成するために、組織の公開情報や標的人物のSNSアカウントなどから情報を集め、なりすましメールの信憑性を高める工夫を行います。ときには、標的組織や関連組織のネットワークへ不正侵入を行い、実際に組織内で流通しているメールを入手して、そのコピーを使ってなりすましメールを作成することもあります。

このため、スピアフィッシングの検知は非常に困難であり、攻撃の成功率が高くなっています。

また、犯罪者は、狙いを定めた人物に対し、初めは簡単な問い合わせを送信し、その後メールで何通かやりとりすることがあります。このやりとりによって油断を誘い、取引ができる頃合いを見計らって、マルウェアを添付したメールを対象者に送信し、パソコンに感染させ詐取を行う手口が報

告されています。こうした過程からその手口を「やりとり型」攻撃（無害なメールのやりとりのあとでウイルス付きのメールを送信してくる攻撃）と呼ぶこともあります。

経営幹部へのビジネスメール詐欺（BEC）で狙うホエーリング

「ホエーリング（Whaling、捕鯨）」とは、スピアフィッシングの一種です。「ビジネスメール詐欺（BEC：Business E-mail Compromise）」とも呼ばれます。その特徴は、役員や取引先になりすましたメールを従業員に送りつけ、犯罪者の管理下にある口座へと誘導し、多額の現金を振り込ませることです。組織幹部という大きな標的に絞って大金を狙う様から、捕鯨に例えられ、この名称で呼ばれています。

米連邦捜査局（FBI：U.S. Federal Bureau of Investigation）によると、2015年1月から2016年6月までに世界で2万2,000件の被害が発生し、被害総額は31億米ドルに達しています。

また、トレンドマイクロ株式会社の調査によれば、ホエーリングは「最高経営責任者（CEO）」の職位になりすましたメールによって、「最高財務責任者（CFO）」を標的としている傾向が高いことが判明しています。

ときには組織の存続を脅かすほどの詐欺手口ですが、犯罪者が使っている常套手口は技術的に高度ではなく、ソーシャルエンジニアリングの手口を洗練させ、犯罪をしかけてきています。

音声案内で詐欺サイトへ誘導するビッシング

「ビッシング（Vishing、Voice Phishing）」とは、フィッシング詐欺の中でも、電話などの音声（Voice）を通じて被害者を誘導する手口です。フィッシャーは被害者へ偽の電話番号を案内し、音声応答システム（IVR）などを使って情報を聞き出そうとします。その特徴は、一般的なフィッシング詐欺が視覚効果によって誤認を誘発させているのに対し、ビッシングでは聴覚効果も使い誤認させている点です。

ビッシング詐欺に限らず、聴覚効果を使い不安を煽る手口は複数報告されています。たとえば、スマートフォンにおいてシャッター音を鳴らし、あたかも顔写真を撮影したかのように誤認させ脅迫する手口や、Webサイトを表示するといきなり女性の声で「警告、あなたのコンピュータでウイルスが検出されました」と流し、電話をかけさせて有償のソフトを販売させる詐欺も報告されています。これらの手口は音声ファイルを再生するだけの単純なものですが、利用者に不安や焦燥感を与えるのには十分なしかけとも言えます（図 8-2-1）。

見かけだけでなく、音についても騙されないように注意が必要です。

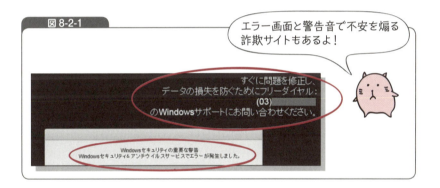

図 8-2-1

エラー画面と警告音で不安を煽る詐欺サイトもあるよ！

SMSで詐欺サイトへ誘導するスミッシング

「スミッシング」（SMiShing：SMS Phishing）とは、電子メールに代わり、電話番号だけでメッセージの送受信が可能なショートメッセージサービス（SMS）を使い、フィッシングサイトへ誘導する手口です（図 8-2-2）。その特徴は、画面の大きさや入力装置などに制限があり、十分なセキュリティ対策も行き渡っていないモバイル環境に標的を絞り込むことで攻撃の成功率を高めている点にあります。

現在、多くの人がメディアの利用手段を、パソコンからスマートフォンに変化させています。犯罪者はこうした状況を敏感に感じ取り、フィッシング詐欺の照準をモバイルにも合わせてきていると言えます。

Chapter 8 サイバー攻撃のしくみ①

図 8-2-2

携帯電話の SMS にも要注意だね！

銀行を装った
ショートメッセージ

ショートメッセージから誘導される
銀行のフィッシングサイト

COLUMN 偽アプリを使った情報の詐取

　スマートフォンやタブレットは、アプリケーションを追加することで、自分好みにカスタマイズできます。フィッシャーはモバイル環境におけるフィッシング詐欺の手口として偽アプリにも注目しています（図 8-2-A）。

　2013 年、韓国では、偽アプリを悪用し、スマートフォン向けオンライン決済利用者を狙った大規模な攻撃が確認されています。初めに、犯罪者はファーストフード店などを装いクーポンアプリの配布と称した URL 記載のショートメッセージを拡散しました。何も知らない被害者はこのショートメッセージを信用し、偽のクーポンアプリをダウンロードしてインストールします。その瞬間からスマートフォンはハイジャックされた状態となります。利用者の電話番号は偽アプリによって攻撃者が用意したサーバへ送信され、以降に着信したオンライン決済会社からの本人確認のショートメッセージが不正に詐取され、詐取された秘密情報が悪用され、なりすまし決済が行われました。

　さらに 8 月には、韓国の銀行を装い、Android における「マスターキー」の脆弱性（CVE-2013-4787）を悪用した、正誤判定が困難な偽アプリ「AndroidOS_

8-2 フィッシング詐欺②

ExploitSign」が確認されました。

こうした被害は韓国に限ったものではありません。2014年、マレーシアのMyCERTはAndroid OS向けアプリストアで、CIMB銀行の利用者を狙った偽アプリが無許可で開発、公開されていたと注意を呼びかけています。

また、日本では、2014年8月にApp Store上でゲームアプリを公開していた作者が、その所有権を不正に奪われてしまう事件が発生しました。この事件では、非公式のApp Store売上管理アプリの使用により、開発者アカウント情報が窃盗されたことが原因と言われています。

このように、認証情報を要求するサービスにおいて、悪意ある第三者が作成した不正な非公式アプリを利用した場合には、アカウント情報が窃盗される可能性があります。当該サービス事業者の公式サイトで紹介されている公認アプリの利用をお勧めします。

図 8-2-A

AndroidOS_CHEST
（スターバックスの偽アプリ）

AndroidOS_ExploitSign
（韓国の銀行の偽アプリ）

マレーシアの銀行の
偽アプリ

犯罪者による
非公式のApp Store
売上管理アプリ

偽アプリがいっぱいだあ

不正な種(しかけ)を撒くファーミング

「ファーミング(Pharming)」とは、フィッシング詐欺と同様に個人情報を不正に窃取を行うオンライン詐欺です。ただし、犯罪者のもとへ誘導する手口に大きな違いがあります。その特徴は、被害者へ何かのアクションを要求することなく、偽Webサイトへ誘導することです。

フィッシング詐欺では、犯罪者が釣り糸を垂らし、獲物である被害者が「不正なリンク(餌)」をクリックする(食いつく)のを待ち続けています。これに対し、ファーミングでは、犯罪者は「不正な転送の種(しかけ)」を撒き、被害者が正規のURLを正しく入力したとしても、否応なしに偽のWebサイトへ転送させ、個人情報などを不正に窃取(刈り取り)します。

このように、種撒きから刈り取りまでの段階を踏んで詐欺行為が行われている様を「Farming(農業経営)」になぞらえ、ファーミングと呼ばれます。

フィッシング詐欺ではそのつど、餌を使って、釣り上げが試みられているため、被害者にとっても不審に気づくタイミングが何度もあります。

これに対してファーミングでは、餌は使われず、被害者に対する直接的な働きかけを行わないため、不審に気づきにくく、被害が持続する傾向があります。

● 不正な転送のしかけ

ファーミングでは、インターネット上のコンピュータの名前とIPアドレスを関連付けるしくみ(名前解決)を悪用することで、不正な転送のしかけを実現しています。これまでに確認されている代表的な手口には、表8-2-1のようなものがあります。

表 8-2-1

攻撃被害の範囲	攻撃対象	攻撃対象の用途	攻撃による作用
被害端末上	hostsファイル	IPアドレスとホスト名の対応を記述したテキストファイル。Windows OSにおける名前解決処理は、hostsファイルの設定が最優先される。	改ざんされたhostsファイルの内容に従って、不正なURLに誘導する。
	プロキシ自動設定(PAC)	proxy.pac（プロキシ設定ファイル）は、プロキシの自動設定に使用される。	不正な設定内容のproxy.pacに従って、犯罪者が用意した通信経路の利用を強制して不正なURLに誘導する。
被害端末が所属するネットワーク全体	DNSサーバ	IPアドレスとホスト名の対応関係を管理する。	DNSサーバに対して偽の名前解決情報を登録し、偽りの情報に従って名前解決処理を行わせることで不正なURLに誘導する。
	ルータ(DNS設定の変更)	インターネットの出入口として配下の端末に対するネットワーク設定全体を管理する。	ルータにおけるDNS設定を犯罪者の用意した悪意ある設定に変更し、不正なURLに誘導する。

　ファーミングでは、パソコンやスマートフォンといった特定の端末・個人のみを狙った手口の他に、DNSサーバやルータなど所属するネットワーク全体に影響を及ぼす機器が標的となった手口も確認されていることに注意が必要です。

偽のアクセスポイントで誘導するWiフィッシング

　「Wiフィッシング（WiPhishing）」は、ファーミングの一種です。「悪魔の双子（Evil Twin）」とも呼ばれます。その特徴は、犯罪者が公衆無線LANなどを装った偽の無線LANアクセスポイント（以下、AP）を立ち上げ、被害者を呼び込み、そこを経由する通信内容を盗聴することでアカウント名やパスワードなど秘密の情報を詐取することです。

　Wiフィッシングでは、被害者を犯罪者が用意したAPに呼び寄せるために、正規のAPよりも電波強度を強め、本来のAPに対する接続の横取りを行う手口が確認されています。

　偽APとの接続が確立した場合、その利用者に対して強制的にマルウェアをダウンロードさせるといったより深刻な被害へと導いていくことも可能になります。

マルウェアと組み合わせたフィッシング詐欺の手口

　これまで、典型的なフィッシング詐欺の事例として、フィッシャーが開設したフィッシングサイトへ利用者を誘導する手口を紹介しました。この手口以外に、フィッシングメールにマルウェアを添付し、それを実行させることによって、デジタル資産を不正に窃取する手口も確認されています（図 8-2-3）。

　特にマルウェアによるインターネットバンキングを標的とした被害が顕著となっています。中でも 2006 年頃から「ブラックマーケット（闇市場）」で売買されていた情報窃取ツールキット「ZeuS（別名：Zbot）」マルウェアの登場は、その後に登場した派生ツールの設計思想にも影響を及ぼし続けています（図 8-2-4）。

　ZeuS は被害者に感染させるマルウェアを作成する「ビルダーモジュール」、Web インターフェースを備えた「コントロールパネル（C&C：Command and Control）」からなるツールキットです。機能のモジュール化が進んだことにより、犯罪者によるサイバー犯罪の「分業化」が進みました。

　また、ZeuS では、新たな機能追加モジュールの継続的な販売、構築済みのボットネットのレンタルや販売サービスなど、サイバー犯罪者にとって、効率的に収益を生み出すことのできる犯罪ビジネスサービスを次々に実現していきました。

　この新しい闇のビジネスモデルは、サイバー犯罪の犯行に必要な機能をサービスとして利用できることから「CaaS（Cybercrime as a Service または Crime as a Service）」と呼ばれています。

　このように、犯行に必要なスキルは分業化され、不足しているスキルは別の犯罪者からサービスとして提供を受けることができるようになりました。この傾向は、サイバー犯罪に対する参入障壁を著しく引き下げ、犯行の意思さえあれば、容易にサイバー犯罪に手を染めることを可能としています。事実、アマチュアレベルの模倣犯による犯行という新たな問題が表面化しています。

8-2 フィッシング詐欺②

図 8-2-3

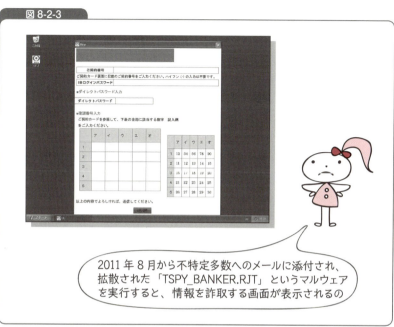

2011年8月から不特定多数へのメールに添付され、拡散された「TSPY_BANKER.RJT」というマルウェアを実行すると、情報を詐取する画面が表示されるの

図 8-2-4

闇市場は、インターネット検索エンジンでは到達できない会員制サイトや、匿名性と追跡回避を可能にするネットワーク（Tor など）上で運営されているよ

8-3 不正に侵入しデータを破壊する
Webサイトの改ざん

keyword
マルウェア……P.201、ウイルス対策ソフト……P.210、
IDS/IPS……P.52、バックドア……P.157

Webサイトの改ざんとは

「Webサイトの改ざん」とは、Webサーバに不正侵入し、そこに格納されているファイルまたはデータの内容を書き換え・変更・消去する攻撃です。

動機によるWebサイトの改ざんの分類

犯罪者がWebサイトを改ざんする動機はさまざまです（図8-3-1）。犯罪者はその動機に応じて、採用する「戦術、技術、手順：TTPs (Tactics, Techniques and Procedures)」を変え、犯行をしかけてきます。このため、備えるべき側は、犯罪者の視点に立って動機を分析し、そこから予測されるTTPsに従って、防御計画を検討することが有効です。

8-3 Webサイトの改ざん

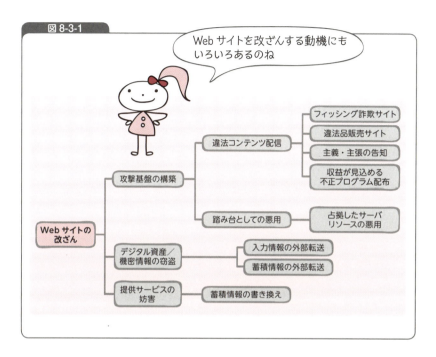

図 8-3-1

攻撃基盤の構築：違法なコンテンツ配信

主義・主張の告知

　サイバー犯罪者は、違法なコンテンツを配信することを目的に、Webサイトの改ざんを試みます。

　典型的な事例が、Webサイトを書き換え、自らの主義・主張を告知する犯行です。1997年5月18日には、朝日放送の天気ニュースサイトにおいて一部がわいせつ画像に置き換えられる事件が報告されています。この事例は、自身の技術力を誇示することを目的とした愉快犯的な犯行と言えます。

　これに対し、政治的な意思表明手段として、Webサイトを改ざんする事件が報告されています。これは、自分たちが敵とみなしている組織への攻撃を、電子掲示板やソーシャルメディアを使って煽動し、Webサイトの改ざんによって、自分たちの声明を掲載する犯行です。

Chapter 8　サイバー攻撃のしくみ①

　このように、政治的主張や目的を達成するために、ハッキング活動を行うことを「ハクティビズム（Hacktivism）」、その活動を行う人を「ハクティビスト」と呼んでいます。国際的に知られているハクティビスト集団として、「アノニマス（Anonymous）」や「シリア電子軍（Syrian Electronic Army）」などが知られています。ハクティビストの活動は歴史的記念日などにおいて、特に活発となることが知られています。

● 不正プログラム配布：ドライブ・バイ・ダウンロード攻撃

　Webサイトの改ざん攻撃と組み合わせ、不正プログラム、マルウェアを配布するための手段として知られているのが、「ドライブ・バイ・ダウンロード攻撃（DBD攻撃：Drive-by-Download Attack）」です。その特徴は、3つあります。

　1つ目は、攻撃者は機能別に3つのしかけを用意するということです（**表8-3-1**）。

表8-3-1

機能	詳細
リダイレクタ	ダウンローダを配布するサイトへ導いていく一連のサイト
ダウンローダ	マルウェアを呼び込む機能を果たすプログラム
インフェクタ	犯罪者の最終目的となる不正プログラム配布サイト

　2つ目は、目立つことのないように改ざんをしかけることです。前述の「リダイレクタ」機能を果たすために、不正に侵入した正規Webサイト上のコンテンツに対して、ブラウザ画面上には何ら表示しないようにJavaScriptやIFRAMEによってコーディングされた不正なコードを追記します。

　このため、表面上は正規サイトがいつもどおりに表示されます。しかし、その裏側では、改ざんされたWebサイトを閲覧するだけでマルウェアに感染するしかけを実現しています（**図8-3-2**）。

　3つ目は、攻撃者は対策状況を見極め、しかけを転々と変えてくるということです。DBD攻撃における攻撃者の最終目的は「インフェクタ」から配布されるマルウェアの感染です。このマルウェアには、アカウント情報の収

集機能やバックドア機能が備えられています。攻撃者の思惑に対し、防御側も対抗します。不正侵入被害を受け、マルウェア配布の片棒を担がされた正規Webサイトの管理者は不正なコードの除去を行います。捜査機関などは改ざん状態にあるサイトに対して「テイクダウン（閉鎖）」を行います。

しかし、攻撃者はこうした脅威の除去活動を無効化すべく、頻繁にリダイレクタやインフェクタの機能を果たす不正なコードを含むサイトの差し替えを行います。また、インフェクタから配信されるマルウェアについて、機能強化を目的としたアップデータの配信や、セキュリティ対策製品による検出回避を目的としたマルウェアの変更を行うといった攻撃もしかけてきます。このような一連の行為は、犯罪のしかけを対策状況に応じて転々と変えていると分析されています。

このため、DBD攻撃には、ウイルス対策ソフトに加え、不正なURLへのアクセスをブロックするWebレピュテーション機能、IDS/IPSなどで対応します。

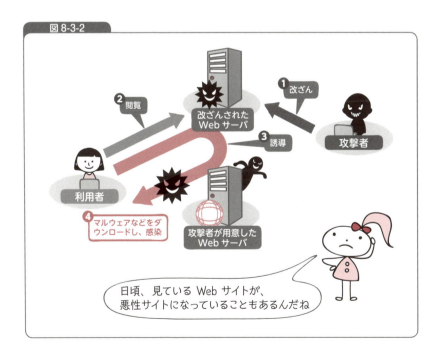

図8-3-2

攻撃基盤の構築：踏み台としての悪用

「踏み台」としての悪用とは、占拠したWebサーバのリソースを悪用することです。このため、他の動機の要素と交錯している場合があります。

ここでは、特に他のサイバー攻撃をしかけるために無断で蔵置されるバックドア型のハッキングツール「WebShell」に注目します。その特徴は、Webアプリケーションフレームワークに寄生することで、バックドア機能を提供することです。

現在、多くのWebサイトが動的な機能を提供しています。動的な機能を実現するWebアプリケーションを支えているのが、Webアプリケーションフレームワークです。Webアプリケーションフレームワークが提供されていることで、多くの機能が共通化されます。そして、この共通化された機能を悪用するのがWebShellです。

WebShellにはWebアプリケーションフレームワークごとにさまざまな種類があります（表8-3-2）。

表8-3-2

WebShell名	対応Webアプリケーションフレームワーク
PHP_C99SHELL	PHP環境（図8-3-3）
ASPXSpy	Microsoft ASP.NET環境
JspWebShell	JSP（JavaServer Pages）環境

ほどんどのWebShellでは、「ファイルマネージャ（任意のファイル・ディレクトリの作成、削除、コピー、ダウンロード）」や「コマンド構文の実行」といった機能を有しています。このため、身元を占拠したWebサーバと偽って他のサイバー攻撃をしかけることが可能となります。

8-3 Webサイトの改ざん

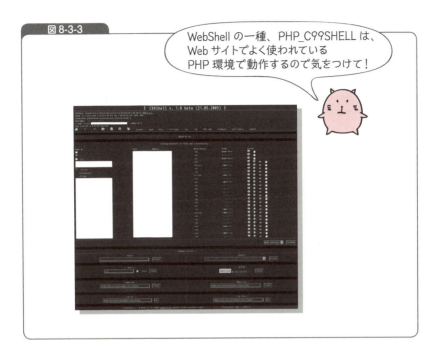

図8-3-3

WebShellの一種、PHP_C99SHELLは、Webサイトでよく使われているPHP環境で動作するので気をつけて！

デジタル資産／機密情報の窃盗

蓄積情報の外部転送

　Webサーバ上に保存されているデジタル資産情報がWebサイトの改ざんにより窃盗される場合があります。

　こうした犯行で狙われるのが、Webサーバの背後で動いているデータベースです。電子商取引サイトと連動しているデータベースには大量の個人情報が蓄積されています。こうしたデータベースは犯罪者にとって格好の標的となります。

　2005年3月、旅行会社のWebサーバに約19万回にわたり不正な指令を送信する不正アクセスを繰り返し、同社が管理する会員の個人情報9万人分を不正に取得した事件が判明しています。その後6月22日には、同事件の容疑者として、豊島区在住の中国籍男性が不正アクセス禁止法違

反で検挙されました。逮捕された男性は他にも同様の手口で2005年1月から6月にかけて、14社から合計約52万件の個人情報を入手していた形跡があったと発表されています。

この事件のように、ひとたびデータベースが狙われると、保存されているデータが一括で取り出されてしまい、深刻な金銭的損害を伴う事件となる場合があります。

入力情報の外部転送

Webサーバ上に重要な情報を格納していない場合においても、Webサイトの改ざんにより入力情報が窃盗される場合があります。

2015年3月、メガネ通販サイトのWebサーバにおいてバックドアが設置され、第三者のサーバにクレジットカード情報が転送されるようにアプリケーションプログラムの改ざんが行われた事件が判明しています。改ざんされていた間にオンラインショップにおいてクレジットカードによる購入手続きを行った利用者の情報2,059件が第三者のサーバに転送されたことが発表されています。

この事件のように、たとえ自らはデータを保持せずに、代行業者へデータ転送を行っていたとしても、決済画面で入力された情報がすべて攻撃者のもとへ渡り、深刻な金銭的損害を伴う事件となる場合があります。

8-4 マルウェアをしかけて標的を待つ
水飲み場型攻撃

keyword
スピアフィッシング……P.125、マルウェア……P.201、
Webサイトの改ざん……P.134、エクスプロイト……P.150、
ペイロード……P.151、RAT……P.158

水飲み場型攻撃とは

「水飲み場型攻撃（Watering Hole Attack）」は、スピアフィッシング（標的型攻撃）の一種です。標的とする特定の人が頻繁に閲覧するWebサイト（信頼の置けるサイト）を改ざんしてマルウェアをしかけ、標的がWebサイトを閲覧した際に使用したコンピュータにマルウェアを感染させる攻撃手口です。

この手口で使われる改ざんされたWebサイトを、サバンナの水飲み場（Watering Hole）になぞらえ、そこに集まってきた特定の獲物（標的）を猛獣（マルウェア）が襲う様から水飲み場型攻撃と呼ばれています（図8-4-1）。

過去には、標的のより的確な絞り込み（セキュリティ対策組織による調査の妨害）を行うために、特定のIPアドレス（標的組織）からの接続時のみに発動するしかけが確認されています。

また、水飲み場としてWebサイトではなく、資産管理サーバが悪用された事例も確認されています。資産管理サーバとは、組織内部でソフトウェアのセキュリティ更新プログラム（パッチ）を配布するために使われているサーバです。攻撃者は、資産管理サーバを乗っ取ることでその更新のしくみを悪用し、パソコンへのマルウェアの配布を試みました。こうした事例も水飲み場型攻撃の一形態と言えます。

Chapter 8 サイバー攻撃のしくみ①

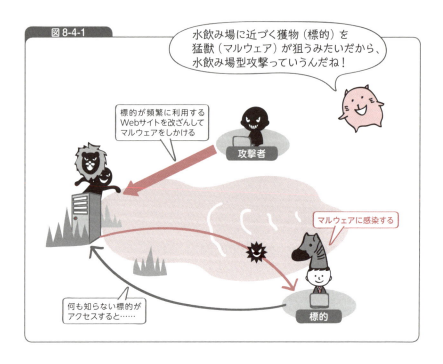

水飲み場型攻撃の実行に至るまでのプロセス

攻撃者はその実行に至るまでどのようなプロセスを経ているのでしょうか。その攻撃ステージは主に表8-4-1の4つの段階に分類できます。

表8-4-1

ステージ	詳細
1. 探索	標的に関する情報収集、偵察活動を行う。どのようなWebサイトが信頼され、閲覧が行われているのか識別する。
2. 組み込み（改ざん）	選定されたWebサイトを水飲み場に変えるため、悪質なコード（起動コード＝ランチャー）を組み込むためにWebサイトを改ざんする。
3. 侵害	標的組織から水飲み場サイトを閲覧することによって、起動コードが発動する。それにより「攻撃コード（エクスプロイトコード）」が呼び出される。攻撃コードは、「実行コード（ペイロード）」のダウンロードを行い、感染端末を掌握するための「RAT（Remote Access Tool）」を導入する。
4. 実害	RATにより機密情報の窃取や外部からの遠隔操作が行われる。攻撃者は攻撃環境を維持するため、標的組織に攻撃の成功を気づかせることなく潜伏活動を続ける。このため、長期にわたっての諜報活動が行われる。

水飲み場型攻撃では、標的の絞り込みが行われているため、被害の発覚までに時間がかかる傾向があります。また、その調査においては、特定の環境下でなければ被害事象を再現できないなどの制約があるため、原因の特定までに時間を要し、その対策を困難としている背景があります。

> **COLUMN** 水飲み場型攻撃が使用された事例を知る
>
> 水飲み場型攻撃は、2009年にはすでに事例が報告されています。日本国内では、2013年頃より報告されています（表8-4-A）。
>
> 表8-4-A
>
> | 発生年 | 水飲み場型攻撃の改ざん被害を受けたWebサイト |
> |---|---|
> | 2013年 | 地方自治体向け情報を発信する会員向け有料サイト |
> | 2014年 | バスケットボール関係団体 のWebサイト |
> | | 動画再生ソフトの更新機能（アップデートサーバに対する不正アクセス） |
> | 2015年 | 厚生労働省の外郭団体 のWebサイト |
> | | 国内ニュースサイトに表示されたバナー広告 |
>
> このように、改ざん対象となった信頼のおけるWebサイトは、多岐にわたります。海外では、政府関連サイトや教会のWebサイト、人権問題に関する支援を行うNPO、iOS（Apple社が開発・提供しているOS）開発者のコミュニティサイトなどが標的となった事例も報告されています。

8-5 攻撃のための下調べ
ポートスキャン

keyword
TCP……P.29、UDP……P.29、ペネトレーションテスト……P.219

ポートスキャンとは

「ポートスキャン」とは、各システムのネットワークサービスの稼働状況がどのような状態であるかをネットワークの外部から下調べする「あたり行為」です。

攻撃者は不正侵入において、標的システムに対し、闇雲に攻撃をしかけるのではありません。事前に下調べを行い、防御が手薄な箇所を狙って侵入を試みる傾向があります。その下調べの方法としてポートスキャンが使われています。この方法を組み合わせれば、次の4つの情報を得ることができます。

- 標的システムで稼働しているTCPサービスとUDPサービス
- 標的システムのOS
- 標的システム上のアプリケーションのバージョン
- 標的システム上のフィルタリングルールの設定状況

攻撃者は、これらの情報により、防御が手薄な箇所を特定できます。一方、管理者は、システムが意図せずに脆弱な状態となっている箇所や、攻撃者による不正侵入の対策として強化すべき箇所を特定する「脆弱性検査（ペネトレーションテスト）」に使うことができます。

ポートとは

「ポート」とは、TCP/IP通信のTCPまたはUDPにおいて通信相手のアプリケーションを識別するために使用される情報です。0～65535の番号で表現され、ソケットと呼ばれるしくみによって管理されています。どのアプリケーションがどの番号を使用するかはサーバ側が決めることができます。このため、アプリケーションのサービスを受ける側は、あらかじめアプリケーションに対応するポート番号を知っておく必要があります。

ポート番号のうち、よく利用されるアプリケーション用に0～1023の番号が割り当てられています。これを「ウェルノウンポート番号」と呼びます。

ポートスキャンでは、標的システムに対して何番のポート番号が開閉しているのか調べます。このため、ウェルノウンポート番号が開いていれば、IANAのサイトが公開している対応表[注1]から稼働しているアプリケーションについてかなり正確に特定できます[注2]。

ポートスキャンの方法

ポートスキャンの対象となるのは、TCPとUDPのポートです。TCP、UDPでやりとりするデータの単位をパケットといいます。宛先ポート番号を含む特定の値を設定したTCP/UDPパケットをサーバに送信し、応答として返されるパケットによって、そのサーバのポートが開かれているか、閉じているかを判断します（図8-5-1）。

[注1] IANA（Internet Assigned Numbers Authority）は、ドメイン名、IPアドレス、プロトコル番号などインターネットに関わる資源を管理していた組織。現在、管理業務は国際的な非営利法人ICANN(The Internet Corporation for Assigned Names and Numbers)に引き継がれており、IANAはICANNの一部門となっている。IANAの次のサイトでは、ウェルノウンポート番号とアプリケーションの対応表を参照できる。
URL http://www.iana.org/assignments/service-names-port-numbers/service-names-port-numbers.xhtml

[注2] サーバ側の設定でウェルノウンポート番号の対応表を無視して特定のアプリケーションを利用することも可能。

Chapter 8 サイバー攻撃のしくみ①

● TCPポートスキャン

TCPでは、コネクションの確立・切断、再送制御などを行うために、TCPパケット内のコントロールフラグという値を使います。たとえば、コネクションを確立する場合は、送信側と受信側で次のようにTCPパケットをやりとりします。

① 送信側がSYNフラグを設定したTCPパケットを送信する。
② 受信側が①のTCPパケットの応答としてSYN＋ACKフラグを設定したTCPパケットを返信する。
③ 送信側が②のTCPパケットの応答としてACKフラグを設定したTCPパケットを返信する。

①～③のやりとりが行われるとTCPコネクションが確立します（これを「3ウェイハンドシェイク」と呼ぶ）。TCPパケットには接続先を示す宛先ポート番号が含まれているため、②でSYN＋ACKフラグを設定したTCPパケットが返ってくれば、そのポートは開いていると判断できます。

もし、②でRST＋ACKフラグが設定されたTCPパケットが返された場合は、そのポートが閉じていてコネクションを確立できないことを意味します。

● UDPポートスキャン

UDPパケットには宛先ポート番号はありますが、コントロールフラグはありません。しかし、UDPパケットを送ったとき、もしそのポートが閉じていれば、ICMP[注3]宛先到達不能通知パケット（コード3＝ポート）が返ってきます。ポートが開いていれば、この通知は返ってきません。

[注3] ICMP（Internet Control Message Protocol）は、IP上の通信状態に関わる確認や通知などを行うためのプロトコル。

8-5 ポートスキャン

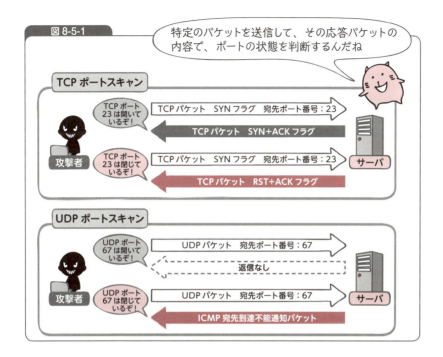

図 8-5-1

ポートスキャンを実行するツール

ポートスキャンは、前述の例以外にもさまざまな方法で実行されます。パケットの通信はOSのコマンドなどでも実行できますが、Fyodor（Gordon Lyon）氏のnmap（Network Mapper）[注4] や*Hobbit*氏のnetcat（nc）[注5] といったツールが知られています。

ポートスキャンでは、フラグの操作などにより本来とは異なる手順で接続を行うことで、サーバのログに記録が残らないように探索したり、より詳細な情報を取得したりすることが可能となります。

[注4] URL https://nmap.org/
[注5] URL http://netcat.sourceforge.net/

Chapter 9

サイバー攻撃のしくみ②

Chapter 8 に続き、どのようなサイバー攻撃があるか見ていきましょう。

- **9-1** 欠陥を悪用してこじ開ける
  エクスプロイト
- **9-2** 不正侵入の扉を設置する
  バックドア
- **9-3** 対策がない期間を狙う
  ゼロデイ攻撃
- **9-4** メモリ領域のあふれを悪用する
  バッファオーバーフロー
- **9-5** データベースを不正に操作する
  SQLインジェクション
- **9-6** Webアプリケーションの脆弱性を悪用する
  クロスサイトスクリプティング
- **9-7** 大量のデータを送りつける
  DoS攻撃
- **9-8** 分散してDoS攻撃をしかける
  DDoS攻撃
- **9-9** 攻撃を拡散する
  ボット、ボットネット、C&Cサーバ

9-1 欠陥を悪用してこじ開ける
エクスプロイト

keyword
脆弱性……P.214、バッファオーバーフロー……P.168、
DNS……P.31、DoS攻撃……P.186、DDoS攻撃……P.191、
アカウント……P.60、マルウェア……P.201、ゼロデイ攻撃……P.162

エクスプロイトとは

「エクスプロイト（Exploit）」という言葉は、利己的に手段を選ばず奪い取る（搾取する）という意味を含みます。セキュリティにおけるエクスプロイトとは、システムの欠陥（脆弱性）を悪用し、システムへ不正侵入を試みる行為や不正なプログラムのことです（図9-1-1）。攻撃者は、標的のシステムに発見した脆弱性に対してエクスプロイトを行い、システムに穴を開けて不正侵入します。

エクスプロイトは、泥棒がセキュリティの弱そうな家を探して、玄関ドアや窓ガラスを特殊な道具でこじ開ける行為に似ています。世界中とつながっているインターネットでは、玄関が開いていたり、鍵が脆弱だったりすると、悪意ある攻撃者に目をつけられ、あっという間に侵入されてしまいます。

9-1 エクスプロイト

図 9-1-1

泥棒がドアや窓を破るように、システムの脆弱性を利用して不正侵入を試みるのがエクスプロイトだよ

エクスプロイトコードとペイロード

　エクスプロイトに悪用される不正なプログラム（不正コード）を「エクスプロイトコード」と呼びます。エクスプロイトコードには、「ソフトウェアを誤動作させる不正なコード」と「エクスプロイトの成功後に実行されるプログラム」が記述されています。前者の例としてバッファオーバーフローなどがあります。また、後者を「ペイロード」と呼びます。

　エクスプロイトは、ソフトウェアの脆弱性を悪用してシステムへ穴を開ける行為ですが、ペイロードは、泥棒が銀行や貴金属店への侵入に成功したあとに「金品を奪う」「監視カメラを壊す」「仲間を呼ぶ」といった行動に当たります。

　エクスプロイトコードに、あらかじめペイロードを仕込んでおくことで、エクスプロイトの成功後に攻撃者が意図した任意のプログラム（ペイロード）が実行され、標的のシステムで不正行為が行われます。

エクスプロイトの種類

エクスプロイトの手法は、「リモートエクスプロイト」と「ローカルエクスプロイト」の2つに大別されます（図9-1-2）。

● リモートエクスプロイト

攻撃側と標的のシステムが異なり、遠隔地（リモート）からエクスプロイトコードをターゲットシステムへ送りつける攻撃手法です。遠隔地から標的のシステムへ攻撃を試行するため、外部から接続可能な公開サービス（WebサービスやDNS、メールなど）が狙われます。

一般的に、遠隔地からの攻撃により不正侵入などを許してしまう行為がリモートエクスプロイトとみなされます。不正なコードによってシステムが高負荷に陥ったり、DoS/DDoSを誘発したりするような攻撃もリモートエクスプロイトの一種と言えます。

● ローカルエクスプロイト

攻撃側と標的のシステムが同じで、システムに存在する脆弱なプログラムに対してエクスプロイトコードを実行することで、システムのユーザ権限を奪取する攻撃手法です。すでに攻撃者に不正侵入を許してしまっているシステム上で、一般ユーザアカウントが管理者アカウントを奪う（権限昇格を行う）場合などに悪用されます。

9-1 エクスプロイト

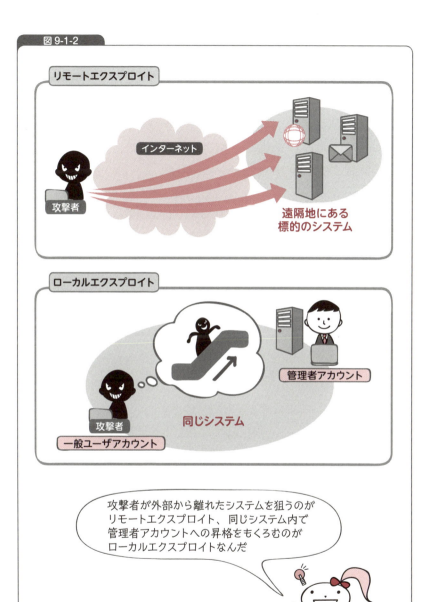

図 9-1-2

Chapter 9　サイバー攻撃のしくみ②

エクスプロイトキットを活用した攻撃

　クライアント端末に対する攻撃では、ペイロードを含むエクスプロイトコードをマルウェアとして作成し、配布する方法が最も一般的です。

　攻撃者は、クライアント端末に導入されたアプリケーション（プログラム）の脆弱性を狙っています。頻繁に狙われるアプリケーションとして、Java、Adobe Reader、Adobe Flash、Internet Explorerなどが挙げられます。

　クライアント端末で使用するアプリケーションが脆弱性をもつバージョンであると、エクスプロイトが成功します。あらかじめ、標的の環境を入念に調べたうえで狙い撃ちするような攻撃（標的型サイバー攻撃など）でなければ、エクスプロイトを狙ったマルウェアの成功率は必ずしも高いとは言えません。そこで、攻撃者は、エクスプロイトの成功率を上げるため、エクスプロイトキットと呼ばれるツールキットを活用します。

● エクスプロイトキットとは

　クライアント端末に対して、広く効率良くマルウェアを配布し、感染させるために、攻撃者は、「エクスプロイトキット」と呼ばれるツールキット（スクリプト）を利用します。

　エクスプロイトキットは、クライアント端末上のアプリケーションを確認してから、脆弱性をもつバージョンに合致するマルウェアをダウンロードさせ、マルウェアの配布と感染を効率良く行うしくみを実装しています。

　利用者が改ざんされたWebサイトにアクセスすると、悪意あるエクスプロイトサーバに誘導され、そこに仕込まれたエクスプロイトキットによってクライアント端末に導入されているアプリケーションとそのバージョンが確認されます。脆弱性をもつバージョンが確認されると、その脆弱性を狙ったマルウェアがダウンロードされます（図9-1-3）。

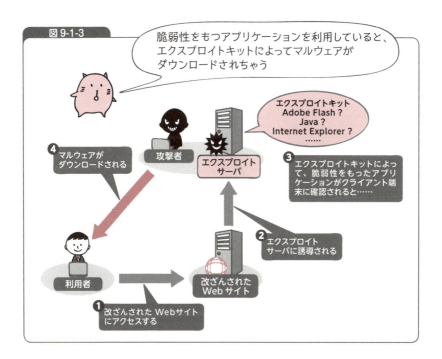

図 9-1-3

　有名なエクスプロイトキットには、PhoenixやAngler EK（Exploit Kit）などがあります。エクスプロイトキットで悪用される脆弱性は定期的に更新されており、新しく確認された脆弱性や未知の脆弱性（ゼロデイ脆弱性）が利用されていたケースも確認されています。

エクスプロイトを防ぐために必要なセキュリティ対策

　エクスプロイトは、ソフトウェアの脆弱性を悪用した攻撃であるため、根本的な対策として脆弱性を保護することが重要となります。その方法としては、OSやソフトウェアの迅速なアップデート、脆弱性を保護するセキュリティ製品（脆弱性を突く攻撃を検知・制御する対策製品）の活用などがあります。未知の脆弱性を悪用した攻撃も発生していることから、ゼロデイ攻撃への対策の検討も重要です。

エクスプロイトコードは誰でも入手可能!?

　脆弱性やプログラミング言語に熟知していれば自分でエクスプロイトコードを作成することも可能ですが、誰にでも簡単に作成できるわけではありません。攻撃者も同じです。では、高度な知識とスキルをもたない攻撃者はどうしているのでしょうか。実は、既知の脆弱性に対するエクスプロイトコードは、インターネット上のWebサイトで公開されているものもあり、それらは誰でも入手可能です。攻撃者も、これらの情報を入手して悪用しているのです。

　「誰でも入手可能？」「脆弱性を発見できれば、誰でも攻撃できちゃう」と思いましたか。そうです。そのとおりです。既知の脆弱性は、その名のとおり、すでに世の中に知られているソフトウェアの欠陥であるため、エクスプロイトコードはインターネット上で公開されている場合があります。エクスプロイトコードを入手可能な有名なWebサイトの1つとして、Offensive Security社が運営するExploit-DBがあります。

- Exploit DB（Offensive Security社）
  URL https://www.exploit-db.com/

　当然、サイバー攻撃に加担するためにエクスプロイトコードが公開されているわけではなく、システムの脆弱性を検査するためや脆弱性の検証を目的とした実証実験コード（Proof of Concept Code＝PoCコード）として公開されています。しかし、これらを悪用する人も世の中にいるのです。

　既知の脆弱性に対する攻撃は、高度な知識やスキルがなくても、ITの知識が多少あり、公開されているエクスプロイトコードを入手できれば、誰でも攻撃を実行できてしまいます。既知の脆弱性を放置しておくことは、いつ攻撃されてもおかしくない、非常に危険な状態のため、セキュリティパッチを適用するなどにより適切に保護することが重要です。

9-2 不正侵入の扉を設置する
バックドア

keyword

脆弱性……P.214、マルウェア……P.201、C&Cサーバ……P.197

バックドアとは

「バックドア」とは「裏口」という意味です。文字どおり、システムにおける正規の入口（ログイン処理など）を経由せずに、システムへ侵入できてしまう入口を指します（図9-2-1）。

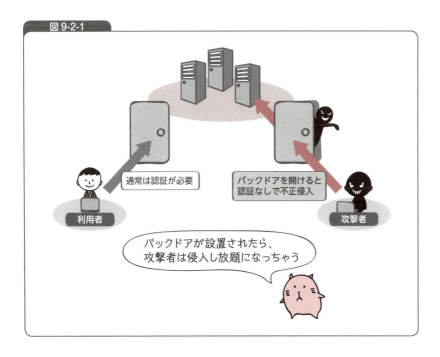

図9-2-1

Chapter 9　サイバー攻撃のしくみ②

　攻撃者は、マルウェアや脆弱性を悪用してパソコンやシステムへの不正侵入に成功すると、真っ先にバックドアの作成を考えます。通常、システムやパソコンを利用するためには、登録されたアカウントの情報（ユーザIDやパスワードなど）を利用した認証が必要となりますが、バックドアを作成し、悪用することで、認証なしにシステムへの侵入が可能になります。

> **COLUMN　バックドアを作成するのは攻撃者だけではない**
>
> 　バックドアは、製品の開発者によって意図的に作り込まれる場合があります。製品の開発段階において、製品の検査や動作確認など数多くのテストを行いますが、その過程で正規の認証手順を踏むことが作業の効率性を下げる場合があるため、開発時のテスト用に、正規の手順を踏まずにログインしたり、ソフトウェアや端末の各種処理を実行したりできるようなバックドアを作成することがあります。開発時の多くのテスト工程を効率的に実施するために、バックドアのような検査専用のプログラムを作成することはよくあることです。では、何が問題となるのでしょうか。
>
> 　テスト目的の機能（バックドア）を製品に残した状態で、製品を出荷してしまうと、公表されていない方法で端末やシステムを第三者が利用できてしまう可能性があるため、問題となります。
>
> 　テスト目的で作成されるバックドアは、製品出荷前に削除されることが一般的ですが、削除されずに出荷され、あとからその存在が確認されて大きな問題となった事例もあります。最近では、パソコンだけではなく、スマートフォンなどモバイル製品でも、こういった製品検査の目的で開発段階に作成されたバックドアがそのままの状態で出荷されていたことが発覚した事例もあります。
>
> 　利用者がバックドアに気づくことは難しいですが、信頼できないソフトウェアや端末の利用は避け、ソフトウェアのアップデートがリリースされた場合は、迅速に適用することなどを心がけましょう。

RATとは

　攻撃者は、不正侵入に成功すると、いつでも自由に端末をコントロールできるようにバックドアを設置して、不正活動を継続的に行える環境を構築しようと考えます。このとき、バックドアの機能を備えた「RAT（Remote

Administration Tool)」と呼ばれるツールが悪用されることがあります（図 9-2-2）。

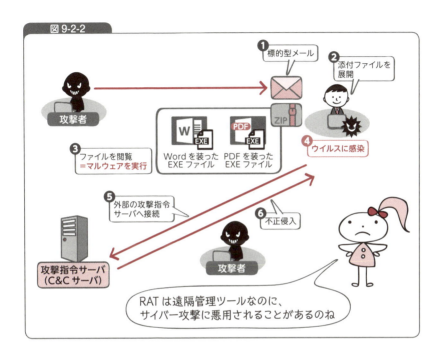

　RATとは、その名のとおり遠隔地からシステムを管理するツールのことですが、標的型サイバー攻撃など特定の組織を狙った攻撃で悪用されることが多いマルウェアの一種です。近年、悪用された有名なRATには、Poison IvyやDark Comet、PlugXなどがあります。いずれも、巧妙に細工された標的型メールの添付ファイルにより感染したケースなどが確認されています。

　RATに感染した端末は、外部の攻撃指令サーバ（C&Cサーバ）へ接続して、攻撃者のためのバックドアを開きます。攻撃者は、攻撃指令サーバに接続してきたRAT感染端末に対してこのバックドアを利用し、いつでも自由に接続できるようになります。RATに感染することで、攻撃者によって自由に端末をコントロールされてしまうため、感染拡大や機密情報の漏

洩など、深刻なセキュリティ侵害へつながる可能性があります。

🐀 RATに実装されている機能

　RATは、ボットに似ていますが、機能が限定的なボットに比べると非常に豊富な機能を備えています。その多くは攻撃を意図した悪意ある機能です。

- 端末の情報取得
- プロセス管理機能
- レジストリ操作（追加、更新、削除）
- コマンド実行（シェル実行）
- アプリケーションの導入、削除
- ファイル操作（アップロード、ダウンロード）
- スクリーンショットの取得
- 端末カメラによる撮影
- リモートデスクトップ
- キーロガー（キーボード入力の記録）
- hostsファイルの変更
- キャッシュに保存されたパスワード情報の取得
- Webブラウザに保存されたCookieの取得
- DoS/DDoS攻撃の実行
- 端末のログオフ、ロック、再起動
- RAT機能の追加、アップデート

バックドアやRAT感染を防ぐために必要なセキュリティ対策

　「端末のOSやソフトウェアのアップデートを確実に行う」「知らない差出人や内容に違和感のある不審なメール（添付ファイル）は開かない」といった基本的な対策が重要です。しかし、最近のサイバー攻撃は非常に巧妙になっています。

特に、標的型メールは、業務に違和感のない自然な文面で作成され、送信されるケースが多いです。そのため、端末が感染してしまうことを想定したセキュリティ対策も重要となります。

バックドアやRATは、端末に感染したあと、必ず外部の攻撃指令サーバ（C&Cサーバ）への通信を行うため、「外部通信はプロキシサーバでの認証を必須とする」「組織内部から外部への通信を監視する」など、組織内部から外部への対策（出口対策）を強化することが有効と言えます（図9-2-3）。

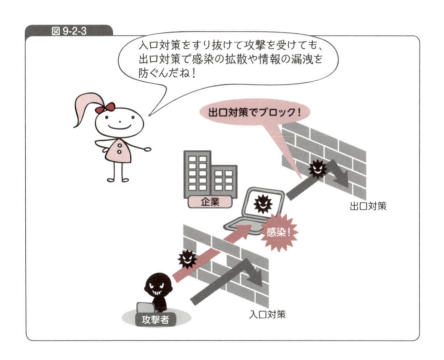

図9-2-3

9-3 対策がない期間を狙う
ゼロデイ攻撃

keyword

脆弱性……P.214、マルウェア……P.201

ゼロデイ攻撃とは

　システムの脆弱性やセキュリティ上の脅威に対して対処方法が提供されていない状態（＝脅威にさらされている期間）を「ゼロデイ（Zero Day）」と呼びます。ゼロデイとは、その名のとおり、0日のことです。脅威への対策が提供された日を1日目とすると、その対策の提供前であることからゼロデイと呼ばれるようになりました（図9-3-1）。たとえば、ウイルス対策製品で検知されない新種のマルウェアを、「ゼロデイマルウェア」や「未知のマルウェア」と呼びます。

　ゼロデイを悪用した攻撃を「ゼロデイ攻撃」と呼びます。脆弱性やマルウェアがゼロデイということは、一般には発見されていない、確認されていない未知の脅威であり、守るすべがない状態です。ゼロデイマルウェアは、定義ファイルに依存したセキュリティ対策製品では検知が難しく、感染が拡散する危険があります。また、ゼロデイ脆弱性を悪用されると、システムへの不正侵入を簡単に許してしまうおそれがあります。

9-3 ゼロデイ攻撃

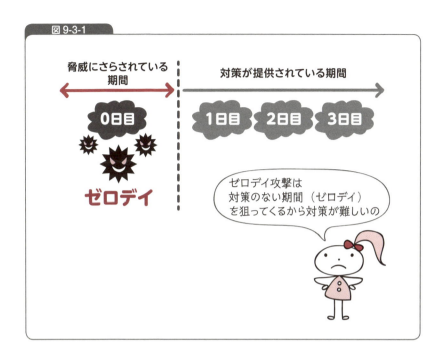
図 9-3-1

ゼロデイ攻撃の恐怖

ゼロデイ攻撃は、攻撃者にとって強力な攻撃手段です。狙った標的に対してゼロデイ攻撃を実施することで、密かに攻撃を進行できるからです。一方で、ゼロデイ攻撃を利用する攻撃者にもリスクがあります。ゼロデイ攻撃を発動したあとに、その存在が確認されてしまうと、たちまち関連するソフトウェア会社やセキュリティ対策メーカーに対策を講じられてしまい、ゼロデイ攻撃は効力を失ってしまいます。ゼロデイ攻撃も、発見されて対策が提供されてしまえば、ゼロデイではなくなってしまうのです。

そのため、攻撃者も、入手したゼロデイを安易に使うわけではなく、国家が絡むような「高度なサイバー攻撃（APT攻撃）」や特定の組織を標的とする「標的型サイバー攻撃」などにおける最終兵器（リーサルウェポン）的に悪用します。

では、実際に発生したゼロデイ攻撃を見てみましょう。

Chapter 9　サイバー攻撃のしくみ②

🔴 Operation Aurora（オーロラ作戦）

　2010年1月に確認されたゼロデイ攻撃で、GoogleやAdobeなど、30社以上の米国のIT関連企業が標的になりました。Internet Explorerのゼロデイ脆弱性（CVE-2010-0249）を悪用しており、標的の組織に不正侵入し、メールアカウントやソースコードなどの知的財産や個人情報を盗み出したと言われています。

　米国は、この攻撃の首謀者を中国と名指しで非難し、徹底的な調査を要求しました。また、Googleは、この事件をきっかけに、2010年3月に中国における検索サービス事業から撤退しています。

🔴 Stuxnet（スタックスネット）

　2010年6月に確認されたマルウェアです。イランの核関連施設における制御システムで感染が確認され、この施設で稼働していた制御システムが一時機能不全に陥ったことで、世界に大きな衝撃を与えました。

　USBメモリを経由して感染する機能をもち、インターネットに接続されていないスタンドアロン環境でも感染を拡大することが可能なうえ、5件もの脆弱性が悪用されています（図9-3-2）。そのうち、4件はゼロデイ脆弱性（WindowsやInternet Explorerなど）でした。

　従来のマルウェアにはない非常に高度で複雑な機能をもった特殊なマルウェアであったため、発見当初から、Stuxnetの開発の背後には国家の関与があるのではないかと噂されていました。後の調査によって、Stuxnetは、米国の国家安全保障局（NSA）とイスラエル軍によって共同で開発され、イランを攻撃するために作成されたマルウェアと報じられています。その存在と感染によって被害が発生したことは、国家が関与するサイバー攻撃として、サイバー戦争の幕開けとも呼ぶべき歴史的な事件となっています。

9-3 ゼロデイ攻撃

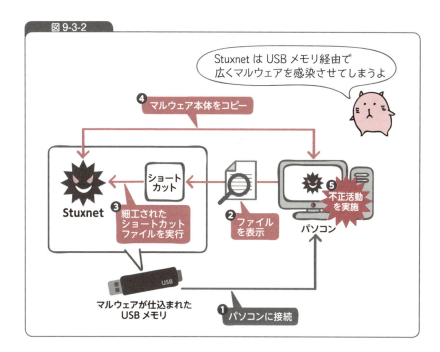

図 9-3-2

 高値で売買されるゼロデイ情報

　一般的に、脆弱性が発見されると、そのソフトウェアの開発元へ報告することで、脆弱性を改修したセキュリティパッチやアップデート版が提供されます。当たり前と思われる対応の流れですが、実は脆弱性を発見した人すべてが、必ずしもソフトウェアの開発元へ報告しているとは限りません。なぜでしょうか。

　それは、脆弱性情報を高値で売ることができるからです。世界には、経済的に恵まれた生活を送っている人ばかりではありません。倫理観や道徳も、育った環境や文化で異なります。発見した脆弱性を、ソフトウェアの開発元ではなく、高値で買い取ってくれるところへ売ってしまう人もいるのです。発見された脆弱性は、世界中で利用されている有名なソフトウェアほど高値で売買され、過去には25万ドルを超える高値で売買された脆弱性もあると言われています。

　脆弱性情報を高いお金を出してでも買い取りたい人。それは、攻撃者です。誰も知らない、誰にも知られていない新しい脆弱性（ゼロデイ）は、攻撃者にとっては喉から手が出るほどほしい情報です。ゼロデイ情報を悪用して、新種のマルウェアや攻撃ツールを作成し、利用することで、サイバー攻撃を容易に成功させ

ることができます。

　発見された脆弱性情報が、裏の世界で攻撃者に渡ってしまうことは、とても危険なことです。これに対抗するため、脆弱性を発見してもらい、発見された脆弱性情報に応じて報奨金を支払う制度を積極的に推進している企業や組織が近年増えています。GoogleやApple、Facebookなども積極的にこれらのプログラムを推進しています。また、米国国防総省も同様のプログラムを実施し、大きな成果を出しています。

ゼロデイ攻撃を防ぐために必要なセキュリティ対策

これまでは、ゼロデイ攻撃に対する対策は困難を極めてきました。OSやソフトウェアの提供元では、確認できていない脆弱性を人知れず悪用されており、その存在を確認しないことにはセキュリティパッチなどの対策を提供できなかったためです。マルウェアも同様です。従来、ウイルス対策製品は、定義ファイルと呼ばれるブラックリストを作成し、端末に存在する不正ファイルを検知するしくみをとっていましたが、定義ファイルのリストに存在していなければ、不正ファイルとして検知・駆除はできません。

セキュリティ業界では、ゼロデイマルウェアを大きな課題として認識しており、長年研究開発を進めてきた結果、近年ではゼロデイ攻撃のような未知の脆弱性や新種のマルウェアを悪用した攻撃に対しても対策可能なセキュリティ製品が提供されるようになってきています。

サンドボックス

安全が確保された仮想環境などでプログラムを実行し、そのプログラムの活動による安全性評価を行う技術です。安全な領域を使った検査を、子供を「砂場」で遊ばせることに似ていることから、「サンドボックス」と呼ぶようになりました（図9-3-3）。

マルウェアを解析する場合、実際に実行して、生成されるファイルやプロセス、書き込まれるレジストリの値、発生する通信内容などを確認し、不審な挙動がないか検査します。これにより、定義ファイルを使った従来のウイル

ス対策製品では検知できなかったゼロデイマルウェアの検知を支援します。

図 9-3-3

ホワイトリスト型セキュリティ対策

動作してもよいプログラム（ホワイト）をリストとして定義することで、システムの安全性を担保するセキュリティ対策です。昔から存在する技術ですが、近年未知のマルウェア対策として改めて注目されています。

ホワイトリストとして定義されたプログラム以外は勝手に実行できないように制御されるため、ゼロデイ攻撃をしかける未知のマルウェアからシステムを保護することが可能です。

その他にも、脆弱性で悪用されるテクニックに着目して、エクスプロイト攻撃を検知・制御するエクスプロイトプロテクション技術、機械学習やAIといった先進的な技術を活用した製品なども提供され始めています。

9-4 メモリ領域のあふれを悪用する
バッファオーバーフロー

keyword

脆弱性……P.214、エクスプロイト……P.150、
セキュリティ診断……P.219、セキュアコーディング……P.266

バッファオーバーフローとは

　プログラムで確保されたメモリのサイズを超えてデータが入力されることで、メモリ領域があふれてしまうバグのことです。

　確保されたメモリ領域を「バッファ」と呼びますが、バッファがあふれることからその名が付きました。「バッファオーバーラン」とも呼ばれます。「バッファオーバーフロー」が起きると、確保されていたメモリ領域のデータが破壊されてしまうため、結果的にプログラムは異常終了など予期しない動作を引き起こします（図 9-4-1）。

　プログラムが異常終了を起こすこと自体大きな問題ですが、セキュリティ上もっと重大な事態を引き起こす可能性があります。バッファオーバーフローを悪用することで、任意のプログラムを実行することが可能になってしまいます。

9-4 バッファオーバーフロー

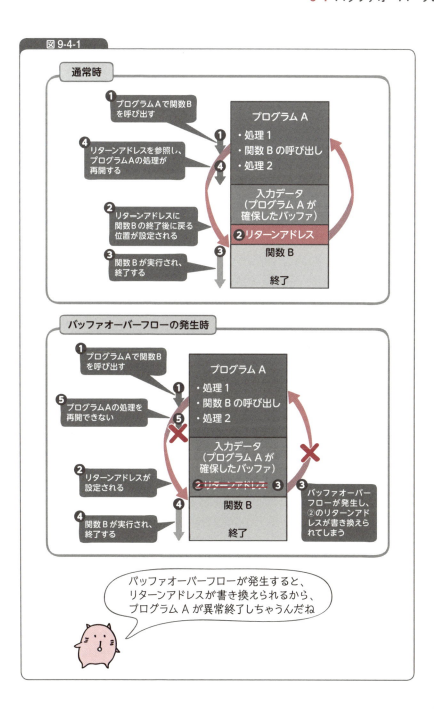

図 9-4-1

バッファオーバーフローが発生する原因

　プログラムでは、さまざまな情報を確保するためにバッファを利用します。バッファは、利用方法によって大きくスタック領域とヒープ領域に分けられます。

　スタック領域は、プログラムの中で呼び出す関数が利用する情報を一時的に記憶しておくメモリ領域で、関数の終了後に戻る位置を示すリターンアドレスもここに格納されます。ヒープ領域は、プログラム内で動的に確保できるメモリ領域です。

　メモリ領域には上限があるため、通常、利用するバッファはプログラム内で定義します。しかし、確保されたバッファに対し、入力されるデータがサイズを確認することなく書き込まれると、バッファのサイズを超えてデータが上書きされ、メモリ領域が破壊される可能性があります。バッファのサイズを無視したデータ入力が発生することで引き起こされるメモリ領域の破壊が、バッファオーバーフローの発生原因です。

バッファオーバーフローの悪用

　悪意ある攻撃者は、バッファオーバーフローを悪用して任意のプログラムを実行させようとします。

　スタック領域には関数のリターンアドレスが保存されていますが、バッファオーバーフローが発生するとリターンアドレスが書き換えられてしまうことがあります。リターンアドレスが書き換えられると、プログラムは関数の終了後に元の処理に戻ることができなくなり、通常であれば異常終了します。

　攻撃者は、リターンアドレスが書き換えられることを悪用し、自らが用意したプログラムを実行させることを狙います。実行させたいプログラム（通常はシェルコード）と、そのアドレスへ移動するための処理を入力データとして用意し、バッファの書き換えを行います（図9-4-2）。

　攻撃者の意図どおりバッファが書き換えられると、送り込んだ悪意ある

プログラム（シェルコード）のアドレスへ処理が移動し、実行されることになります。

　バッファオーバーフローの脆弱性が存在すると、攻撃者に脆弱性を悪用した攻撃（エクスプロイト）を受け、システムが乗っ取られてしまう危険があります。

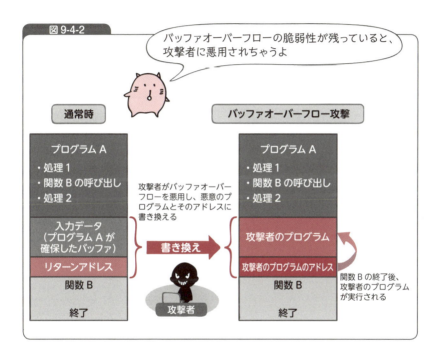

図9-4-2

バッファオーバーフローを起こさないための対策

　バッファオーバーフローは、メモリなどに直接アクセスできるC/C++を使ったプログラムで主に発生する問題です。これらのプログラミング言語を扱って開発を行う場合、次のことに注意する必要があります。

- 書き込むデータのサイズがバッファのサイズを超えていないことを確認する。

Chapter 9 サイバー攻撃のしくみ②

- バッファのサイズをチェックしない関数(strcpyやstrcatなど)を使用しない。
- バッファのサイズをチェックする関数(strncpyやstrncatなど)を使用する。

　悪意ある攻撃者は、セキュリティを意識していない不用心なプログラムを破壊することで、システムを乗っ取ることを常に考えています。プログラムを開発する際には、安全なプログラムの作成(セキュアコーディング)を意識するとともに、脆弱性診断やソースコード診断といったプログラムの安全性評価を行うことなども重要です。

9-5 データベースを不正に操作する
SQLインジェクション

keyword

脆弱性……P.214、Webアプリケーション……P.44

SQLインジェクションとは

「○○社のWebサイトから100万件の個人情報が漏洩」「Webショッピングの会員サイトからカード情報が流出」といったニュースを聞いたことがあると思います。情報漏洩の規模はさまざまですが、その原因となる攻撃の1つが「SQLインジェクション」です。SQLインジェクションは、情報漏洩につながる情報の不正取得だけではなく、Webサイトへの不正アクセス、Webページの改ざん、データの破壊などを引き起こします。

● SQLとは

「SQL（Structured Query Language）」は、リレーショナルデータベース（RDB：Relational Database）のデータを操作するための言語です。Webアプリケーションが利用するデータベースへのデータの読み取りや書き込みに使用します。

● インジェクションとは

「インジェクション（Injection）」は、「注入する」「注射する」という意味の言葉です。対象物に何かを埋め込む行為を表します。

Chapter 9 サイバー攻撃のしくみ②

🔵 SQL＋インジェクション＝SQLインジェクション

SQLインジェクションとは、「データベースを利用するWebアプリケーション」に対して「SQL」を「注入する」攻撃のことです。攻撃者は、データベースからデータを取得したり、データを改ざんしたりするために、「悪意あるSQL文」を注入します（図9-5-1）。

Webアプリケーションはモ SQL文を発行してデータベースを操作します。しかし、SQL文の組み立て方に問題があると、攻撃者によってそこに不正なSQL文が注入され、極めて深刻な問題が発生します。

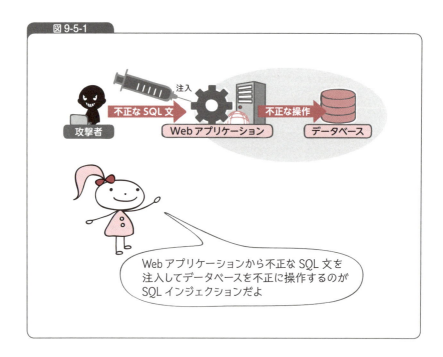

図9-5-1

SQLインジェクションの脅威

SQLインジェクションは、極めて深刻な問題を引き起こす原因となるため、非常に危険な脆弱性です。

9-5 SQLインジェクション

　2013年、海外旅行者向けに通信機器の貸し出しを行っていたサービス事業者のWebサイトがSQLインジェクション攻撃を受けた結果、約11万件の個人情報が漏洩する事件が発生しました。攻撃を受けた事業者が発表した「流出したお客様情報」には、カード名義人名、カード番号、カード有効期限、セキュリティコード、住所などの情報が含まれていました。クレジットカード情報が漏洩したこと自体、大きな問題ですが、セキュリティコード[注1]が含まれていたことで、さらに大きな問題となりました。

SQLインジェクションのしくみ

　Webアプリケーションは、フォームから入力された情報を使ってSQL文を組み立てて利用し、データベースを操作します。このとき、SQL文の組み立て方に問題があると、フォームから入力された文字により悪意のあるSQL文が作られてしまい、SQLインジェクションが発生する要因となります。SQLインジェクションの具体的な例を見てみましょう。

● 問題のあるSQL文

　Webアプリケーションでユーザの認証を行う際に、アカウント名とパスワードを入力させ、ユーザ情報データベースに一致したユーザ情報があるかどうか確認します。このとき、使うのが次のSQL文です。

```
SELECT * FROM users WHERE id='$id' AND pass='$pass';
```

　簡単に説明すると、「SELECT * FROM users」は、「usersデータベースからすべて（*）のデータを取得する」という意味です。WHERE以降はその条件で、「データベースのid項目が$idに一致する、かつ（AND）、

[注1] セキュリティコードは、日本クレジットカード協会（JCCA）が定めるガイドラインやPCI-DSS（Payment Card Industry Data Security Standard）と呼ばれるカード決済を取り扱う事象者において守るべきセキュリティ基準において、保存が禁止されている。

pass項目が$passが一致する場合」を指定しています。$idと$passは、ユーザから入力された値が挿入される変数です。ユーザが$idに「Smith」、$passに「1234passw@rd」と入力すると、組み立てられるSQL文は次のようになります。

```
SELECT * FROM users
    WHERE id='Smith' AND pass='1234passw@rd';
```

これで、アカウント名が「Smith」、パスワードが「1234passw@rd」に一致するユーザの情報が存在すれば、このWebアプリケーションのユーザ認証は成功します。

● SQLインジェクションによるSQL文の改ざん

仮に、$idに次のような文字列、$passに「abcde」が入力されたとします。

```
' or 1=1;--
```

すると、次のようなSQL文が組み立てられます。

```
SELECT * FROM users
    WHERE id='' or 1=1;--' AND pass='abcde';
```

「;」（セミコロン）はSQL文の終わりを示し、「--」（ハイフン2つ）はそれ以降の文字列をコメントとして扱うため、実際には次のようなSQL文になります。

```
SELECT * FROM users WHERE id='' or 1=1;
```

WHERE以降が書き換えられ、「id項目が''（空文字）に一致する、または（or）、1が1に等しい場合」という条件になってしまいます。「1が1に等しい」という条件は常に真になるため、ユーザ認証が成功してしまいます。

このように変数を使う場合、文字列を入力することで不正なSQL文を組み立てることができてしまうと、SQLインジェクションの発生要因となります（図9-5-2）。

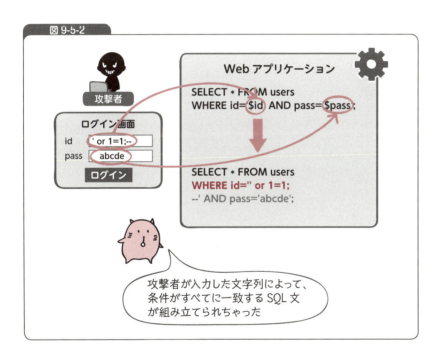

SQLインジェクションを防ぐためのセキュリティ対策

SQLインジェクションは、「文字列の連結でSQL文が組み立てられる」ことで発生します。そのため、「文字列の連結でSQL文が組み立てられないようにする」ことがその対策になります。

🔴 プリペアードステートメント

　プリペアードステートメントは、あらかじめ準備されたSQL文のことです。アプリケーション内で何度も利用するSQL文を、あらかじめデータベースに送信して確定しておきます。これにより、SQL文をあとから変更できなくなるため、SQLインジェクションを防ぐことができます。

　SQLインジェクションへの対策は明確であるため、Webアプリケーションでデータベースを利用する場合には、「意図しないSQL文が組み立てられないようにする」「プリペアードステートメントを使う」という基本を理解し、脆弱性を作り込まないようにしましょう。

9-6 Webアプリケーションの脆弱性を悪用する
クロスサイトスクリプティング

keyword
脆弱性……P.214、Webアプリケーション……P.44、
フィッシング……P.120

クロスサイトスクリプティングとは

　Webアプリケーションの脆弱性を悪用した攻撃手法の1つです。「XSS（Cross Site Scripting）」と略して表記されます。

　「クロスサイトスクリプティング」では、Webサイトの脆弱性が利用されます（図9-6-1）。攻撃者があらかじめ用意したWebページにユーザがアクセスし、罠を張ったリンク（脆弱性のあるWebサイトへのリンクとスクリプト）をクリックすると、スクリプトを含むリクエストが脆弱性のあるWebサイトへ送信されます。脆弱性のあるWebサイトではリクエストに従い、スクリプトを含むWebページをユーザに返します。このとき、脆弱性のあるWebサイトから返されたWebページ（スクリプト）が、ユーザのWebブラウザ上で実行されることで、情報漏洩などが発生します。

　クロスサイトスクリプティングは、攻撃者が用意したWebサイトと脆弱性のあるWebサイトを「横断的」に利用して攻撃を実行することから、「クロスサイト」と呼ばれるようになりましたが、ユーザのWebブラウザ上で表示したWebページで実行されるスクリプトの脆弱性を悪用した攻撃手法も発見されており、それらもクロスサイトスクリプティングに含まれます。

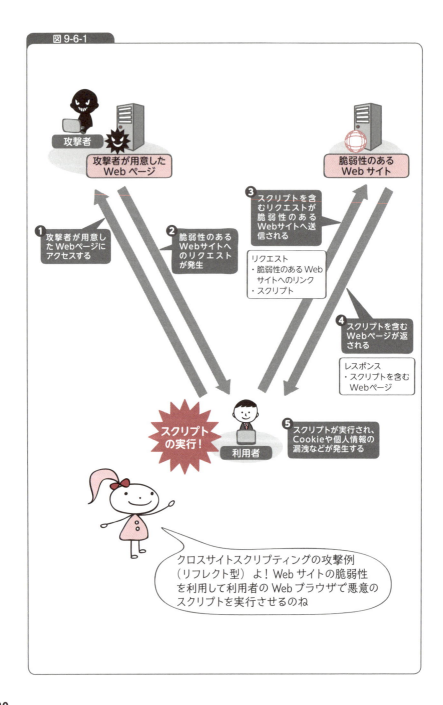

クロスサイトスクリプティングの脅威

インターネット上には、掲示板やショッピングサイト、キーワード検索、個人情報の登録など、入力フォームを利用してユーザ情報を入力し、処理を行い、結果を出力するようなWebサイトが数多く存在します。動的な処理を行う場合には、HTMLに加え、JavaScriptなどのスクリプト言語を利用します。クロスサイトスクリプティングは、動的な処理を行うWebアプリケーションの脆弱性を利用しますが、攻撃の対象はWebサイトそのものではなく、その利用者 であることが大きな問題です。

クロスサイトスクリプティングでは、次のような被害が発生します。

- 不適切なWebページが表示される。
- 本来のWebサイト上に別のページが表示される。
- フィッシングサイトとして悪用される。
- 不適切な情報を掲載して利用者を混乱させる。
- Cookieの不正搾取および悪用により、不正アクセスや情報漏洩が発生する。
- 攻撃者が用意した任意のCookieが保存される（セッションIDの固定化など）。

クロスサイトスクリプティングの種類

クロスサイトスクリプティングは、攻撃手法によって3種類に分類されます（図9-6-2）。

ストア型（持続型）

掲示板など、Webサイトに保存されるコンテンツに悪意ある攻撃スクリプトを仕込むタイプです。攻撃スクリプトがWebサイトに保存されるため、そのスクリプトが削除されない限り永続的に機能し、攻撃します。

攻撃スクリプトが埋め込まれたコンテンツに利用者がアクセスするたびにスクリプトが実行されるため、該当コンテンツを閲覧したすべての利用者が攻撃を受ける危険性があります。

リフレクト型（非持続型）

攻撃者によって仕込まれた悪意のある攻撃スクリプトをユーザがクリックすると、対象サイトのコンテンツが表示されるとともに、攻撃スクリプトが実行されます。クリックしたユーザのリクエストとして送信されたスクリプトが、Webアプリケーションのレスポンスとしてユーザにそのまま返ることから、リフレクト型や反射型と呼ばれます。

リフレクト型は、受動的なストア型と異なり、攻撃者から能動的に悪意ある攻撃スクリプトをクリックするよう誘導する必要があります。誰でも利用できる掲示板サイトなどに、脆弱性のあるWebサイトに対する攻撃スクリプト（URL）を書き込んでおき、利用者がそのリンクをクリックするのを待つか、リンクをメールで送信し、クリックを誘発する方法などがあります。

DOM型

Webサイトではなく、ユーザのWebブラウザ上でコンテンツが表示され、JavaScriptなどのスクリプトが実行されたときに発生する攻撃手法です。コンテンツに含まれる正規のスクリプトによって動的なページを出力する際に、意図していないスクリプトが生成され、それがユーザのWebブラウザで実行されます。Webサイト側ではなくユーザのWebブラウザ上でスクリプトが実行されるため、Webサイト側ではDOM型の攻撃が実行されていることを検知できません。

9-6 クロスサイトスクリプティング

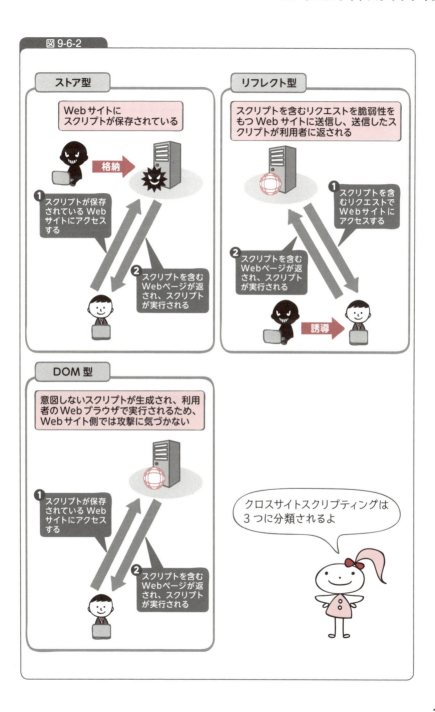

図 9-6-2

Chapter 9 サイバー攻撃のしくみ②

> **COLUMN** XSSチャレンジで楽しみながらスキルアップ！
>
> クロスサイトスクリプティングの勉強やスキル向上を目的としたWebサイトがインターネット上にはたくさんあります。
>
> - URL http://xss-quiz.int21h.jp/
> - URL http://escape.alf.nu/
> - URL http://prompt.ml
> - URL https://xss-game.appspot.com/
>
> これらのWebサイトは、クロスサイトスクリプティングの脆弱性をもつWebページがゲーム形式で出題されます。「XSSチャレンジ」などと呼ばれます。どのWebページも段階的に難易度が上がっていき、基本的なクロスサイトスクリプティングから、利用できる文字や記号が制限された難易度の高いマニアックなものまで、さまざまな問題で構成されています。
>
> 世界中には、賞金がもらえるXSSチャレンジ大会もあります。興味があれば、スキル向上のために（賞金ゲットのために）ぜひ挑戦してみてください。

クロスサイトスクリプティングを防ぐためのセキュリティ対策

　Webページを作成するためのHTMLは、\<b\>〜\</b\>のように\<と\>で囲んだタグを使ってテキストの体裁などを記述します。HTMLのタグにはスクリプトを実行するためのタグがあり、\<script\>と\</script\>の間にJavaScriptなどのスクリプトを記述すると、Webページを開いたときにそのスクリプトが実行されます。攻撃者が入力フォームから\<script\>タグを使って悪意のあるスクリプトを入力すると、それが実行され、被害を受けてしまいます。

　これを防ぐためには、入力フォームなどから取得する文字列に対し、「エスケープ処理」を実行し、HTMLで使われる特殊文字を無害化します。

- & → \&
- < → \<

- `>`→`&gt;`
- `"`→`&quot;`
- `'`→`&#39;`

入力フォームから次のように悪意のあるスクリプトが入力されたとします。

```
<script>悪意のあるスクリプト</script>
```

エスケープ処理を実行すると、次のような文字列になります。

```
&lt;script&gt;悪意のあるスクリプト&lt;/script&gt;
```

`<script>`タグとは認識されなくなるため、悪意のあるスクリプトは実行されません。

クロスサイトスクリプティングのしくみや対策の詳細については、IPA（情報処理推進機構）が提供する次のサイトを参照してください。

- 「安全なWebサイトの作り方」
  URL https://www.ipa.go.jp/security/vuln/websecurity.html

9-7 大量のデータを送りつける
DoS攻撃

keyword
TCP……P.29、SYNフラグ……P.146、ICMP……P.146、
UDP……P.29、HTTP……P.43、エクスプロイト……P.150、
脆弱性……P.214、DDoS攻撃……P.191

DoS攻撃とは

DoSはDenial of Service Attackの略です。「DoS攻撃」は、「サービス妨害攻撃」と訳されます。標的のシステムに対して大量のデータを送りつけることで、正常なサービス提供を妨害する攻撃です（図9-7-1）。

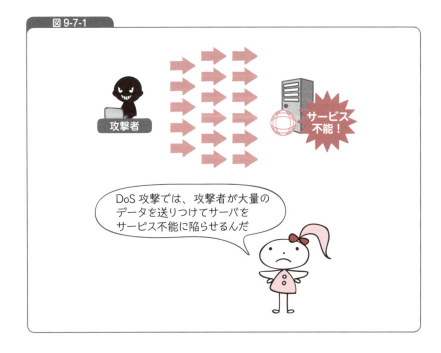

図9-7-1

フラッド攻撃

標的のシステムに大量のネットワークトラフィックを送りつけて、サービス提供を妨害します。フラッド（Flood）は「洪水」という意味です。大量のネットワークトラフィックによって、回線やシステムの許容量があふれる（パンクする）様子を洪水に例えて名付けられました。

「フラッド攻撃」は、送信されるデータの種類や手法により分類されます。

● TCP SYN フラッド攻撃

TCPでは、SYNフラグを設定したパケット、SYN + ACKフラグを設定したパケット、ACKフラグを設定したパケットをやりとりしてコネクションを確立します。「TCP SYN フラッド攻撃」では、SYNパケットを送信後にACK + SYNパケットを受信しても、あえてACKパケットを送信しないことで、システム側の応答待ち状態を増やす攻撃です。大量のSYNパケットを送りつけることで、標的のシステム上のリソースを枯渇させ、システム停止に陥らせます。

● ICMP フラッド攻撃

相手の通信状態を確認するためのICMPパケットを大量に送りつけることで、サービスを提供できない状態に陥らせます。また、ICMPパケットを送信して相手との通信状態を確認するPingコマンドを大量に実行する「Pingフラッド攻撃」もあります。

● その他のフラッド攻撃

大量のUDPパケットを送りつける「UDPフラッド攻撃」や大量のHTTPリクエストを送信する「HTTPフラッド攻撃」などもあります。

エクスプロイト攻撃タイプ

脆弱性のあるシステムに対して、悪意ある不正データを送信することでシステムを高負荷状態にさせたり、サービス停止に陥らせたりするなど、正常なサービスの提供を不可能にさせる攻撃です。

エクスプロイト攻撃にもいくつかの種類があります。次に示すものは、TCP/IPの脆弱性を悪用した攻撃です。

Ping of Death攻撃

前述のPingコマンド[注1]を使い、65,536バイト以上の大きなパケットを送りつけることで、標的のシステムにバッファオーバーフローを起こさせ、異常終了させます。

Teardrop攻撃

送信するデータのサイズが大きい場合、IPパケットが複数に分割されて送信され、受信先で元のパケットに再構築されます。その際、分割前の位置を示すオフセット値を重複させることで、処理異常を起こし、システムを停止させたりする攻撃です。

LAND攻撃

LANDはLocal Area Network Denialの略です。送信元アドレスに、宛先アドレスと同じ値を設定したSYNパケットを送信すると、受け取ったシステムは自分自身にSYN+ACKパケットを返送します。これによって、システムを高負荷に陥れる攻撃です。

その他にも、他のアプリケーションの脆弱性を利用した攻撃があります。

[注1] Pingコマンドは、たとえばWindowsでは通常32バイトのICMPパケットを4回送信する。

たとえば、DNSサービスを提供するBINDというソフトウェアに対し、外部から悪意ある不正パケットを送りつけることで、DNSサービスが処理不具合を起こして異常終了する攻撃なども確認されています。

DoS攻撃を防ぐためのセキュリティ対策

　DoS攻撃を防ぐには、ネットワークトラフィックを日常的に監視することが重要です。法人向けの商用ファイアウォールやIDS/IPSなどのセキュリティ製品では、短時間に一定量以上の大量アクセスや脆弱性に対する攻撃パケットを遮断するなど、DoS攻撃を検知・遮断する機能を備えているものがあります。これらの製品を活用し、DoS攻撃からシステムを適切に保護しましょう。

　また、OSやソフトウェアでDoS攻撃を引き起こす脆弱性が確認された場合、脆弱性を修正したセキュリティパッチや新しいソフトウェアが提供されます。脆弱性が確認された場合は、迅速にアップデートを実施しましょう。

COLUMN　DoS/DDoS攻撃が行われる背景

　「Digital Attack Map」（URL http://www.digitalattackmap.com/）というWebサイトでは世界中で発生しているDoS攻撃の状況を見ることができます（図9-7-A）。

　では、DoS攻撃や次節で説明するDDoS攻撃は、誰がどのような目的で行っているのでしょうか。

　DoS/DDoS攻撃は、標的の組織への抗議が主な目的であると思われます。サイバー攻撃において、DoS/DDoS攻撃は非常にわかりやすく、検知も難しいものではありません（防御は難しいですが）。このようにわかりやすい攻撃を行う背景には、あえて攻撃に注目させ、攻撃の目的（主張したいメッセージ）をメディアに取り上げてもらうことを狙っている場合もあります。

　近年、DoS/DDoS攻撃を積極的に用いて、自己の主張を訴える「アノニマス（Anonymous＝匿名）」というグループも存在しています。アノニマスのように、DDoS攻撃やハッキング行為を用いて、社会的な主義・主張を訴える集団をハクティビスト（「Hacker（ハッカー）」と「Activist（活動家）」を組み合わせ

た造語)、その活動をハクティビズムと呼びます。

　現実世界におけるデモ行為に近い行動でしょう。しかし、現実世界では抗議を訴える場所(国会議事堂や日比谷公園など)へ出向く必要がありますが、インターネットではパソコンと通信回線があれば、どこからでも攻撃が可能です。DoS攻撃やDDoS攻撃は、現代における新しいデモ活動の形とも言えます。

図9-7-A

DoS/DDoS攻撃は、日々世界中で行われているんだね

9-8 分散してDoS攻撃をしかける
DDoS攻撃

keyword

DoS攻撃……P.186、マルウェア……P.201、DNS……P.31、
ボット……P.197、ボットネット……P.197、C&Cサーバ……P.197、
IoT……P.20

DDoS攻撃とは

　DDoSはDistributed Denial of Service Attackの略です。「DDoS攻撃」は、「分散型サービス妨害攻撃」と訳されます。分散型という言葉のとおり、分散させた複数の端末からDoS攻撃を行うことです（図9-8-1）。

　標的に対し、分散した複数の端末から大量のデータを送りつけることでDoS攻撃の何倍ものトラフィックが発生し、標的が利用しているネットワークでは正常な通信ができなくなります。600Gbpsや1Tbps近くの通信量が観測されたDDoS攻撃も過去に発生しています。DDoS攻撃は、攻撃元が多数に分散しており、単に「踏み台」として悪用されている端末も多いため、攻撃元の特定や通信の遮断が容易ではなく、攻撃を防ぐことは困難を極めます。

Chapter 9 サイバー攻撃のしくみ②

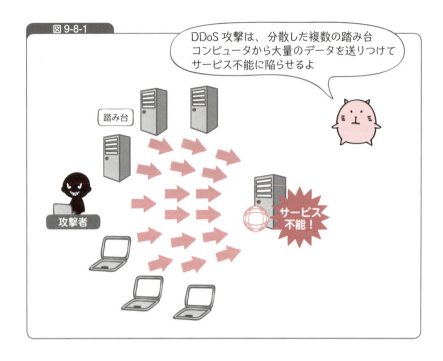

図 9-8-1

DDoS攻撃は、分散した複数の踏み台コンピュータから大量のデータを送りつけてサービス不能に陥らせるよ

DDoS攻撃には、主に「エージェント型」と「リフレクト型（反射型）」があります。

エージェント型のDDoS攻撃

あらかじめマルウェアを感染させた大量のボット端末を悪用して攻撃をしかける手法です。不正侵入に成功したシステムに、攻撃用の不正プログラムなどをしかけてDDoS攻撃に加担させる場合もあります。攻撃者は、C&Cサーバなどを利用して、大量のボット端末や不正プログラムに対して攻撃命令を送ることで、標的に対して一斉にDoS攻撃を実行します。

エージェント型は、事前にマルウェアを感染させた端末や不正侵入して悪用できるシステムを用意しておく必要があるため、誰でも実行可能な攻撃ではありません。エージェント型DDoS攻撃では、攻撃者がボットネットを悪用していると思われます。大規模なDDoS攻撃の背景には、10万台

を超える巨大なボットネットの存在が噂されています。

　ボットネットとして悪用される端末はパソコンだけでなく、ネットワークカメラなども含まれます。近年、普及が進むIoTデバイスがボットネットと化し、DDoS攻撃に悪用されることを懸念する声もあります。

COLUMN　DoS/DDoS攻撃を提供するクラウドサービス

　DDoS攻撃を連想させるキーワードでインターネットを検索すると、「DDoS攻撃代行サービス」といった海外のWebサイトを簡単に見つけることができます。対外的にWebサイトの負荷耐性評価サービスとして運営しているところもありますが、堂々とDDoS攻撃サービス提供を掲げているサイトも数多く存在します（図9-8-A）。

　驚くのは、その提供価格です。1時間2ドルから、多くは1時間10ドル程度で提供されていました。

　過去には、日本の高校生が、DoS攻撃を代行するWebサービスを利用してオンラインゲームのWebサイトにDDoS攻撃を行い、サービス不能に陥らせた事件も発生しています。この高校生は事件後に検挙されていることからも、安易にこういったサービスに手を出さないほうがよいことは言うまでもありませんが、攻撃を支援するようなサービスがクラウドで提供され、ビジネスになっていることも現実です。

　サイバー攻撃は、高度な技術がなくても、お金を払うことで実施可能な環境が存在しており、その敷居は低くなっていると言えます。

図 9-8-A

DDoS攻撃をサービスとして販売しているサイトがあるなんて！

リフレクト型（反射型）のDDoS攻撃

エージェント型のようにマルウェアに感染させたボット端末を使わず、サービスに応答するサーバシステムにより実行可能な攻撃です。具体的には、サービスに対する応答を反射させるサーバ（リフレクタ）を大量に悪用し、標的に一斉攻撃をしかけます。

インターネット上に公開されており、リクエストに対してレスポンスを返すようなサービスは、リフレクタとして悪用されやすいです。

- 送信元IPアドレスの詐称が可能なもの
- リフレクタとして多数のサーバが存在するもの
- リクエストのパケットのサイズに対し、レスポンスのパケットのサイズが大きいもの（増幅率が大きいもの）

このような条件を満たすサービスとして、DNSやNTP[注1]があります。これらのプロトコルはUDPを利用し、送信元IPアドレスの詐称が容易であり、インターネット上に数多くのサービスが存在します。また、問い合わせ（リクエスト）パケットのサイズが小さく、レスポンスとして大きなサイズのパケットを返すことが可能なサービスです。これまでにも、DNSやNTPが悪用された大規模なDDoS攻撃がたびたび発生しています。

DNSアンプ攻撃

リフレクト型DDoS攻撃の一種です。リフレクタとして利用可能なDNSサーバを悪用し、標的に対して大量のDNS応答パケットを送りつけることで、サービス不能に追い込みます（図9-8-2）。

攻撃者は、リフレクタとして利用可能なDNSサーバへ、送信元IPアドレスを標的のIPアドレスに偽装したDNS問い合わせパケットを送信しま

[注1] NTP（Network Time Protocol）は、機器に内蔵されている時計を、ネットワークを通じて正確な時刻に同期させるためのプロトコル。

す。DNS サーバは、DNS 応答パケットを送信元 IP アドレス、つまり標的の IP アドレスに返します。偽装した DNS 問い合わせパケットを大量のリフレクタ（DNS サーバ）へ送ると、DNS 応答パケットが標的に一斉に送信され、大規模な DDoS 攻撃となります。DNS アンプ攻撃は、リフレクタとなる DNS サーバの数が増えるほど、その攻撃の規模が大きくなります。

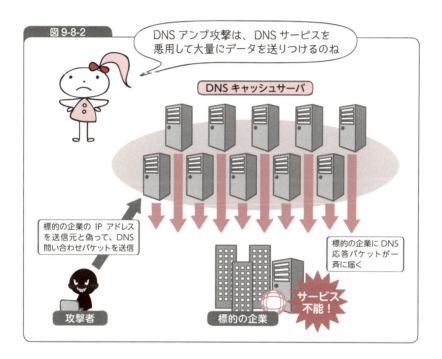

DNS サーバをリフレクタとして悪用されないために

DNS の設定が不適切な場合（たとえば、問い合わせに対するアクセス権が適切ではないなど）、DNS サーバがリフレクタとして悪用されてしまいます。自組織が管理する DNS サーバが、DNS アンプ攻撃のリフレクタとして悪用されないためには、DNS サーバの設定で次のような対策が必要です。

- DNS のコンテンツサーバとキャッシュサーバを分ける。

Chapter 9　サイバー攻撃のしくみ②

- コンテンツサーバは、キャッシュ機能を無効にし、管理する情報の提供のみを行う。
- キャッシュサーバは、サービスを提供する組織からの問い合わせのみ許可する。

DDoS攻撃を防ぐためのセキュリティ対策

　DDoS攻撃は攻撃元が複数にわたるため、攻撃元を特定して順に遮断してもキリがなく、対策はDoS攻撃ほど簡単ではありません。また、守る側にハイスペックなセキュリティ製品を配置しても、通信回線そのものがパンクしてしまうことがあるため、その効果を発揮できない可能性があります。一組織でDDoS攻撃に対処することは非常に困難であるため、サイトの停止が事業に多大なインパクトを与えるような場合は、ネットワークのバックボーンを管理・運営するISPやプロバイダ、CDN事業者などが提供するDDoS対策サービスの活用を検討するとよいでしょう。

9-9 攻撃を拡散する
ボット、ボットネット、C&Cサーバ

keyword

DDoS攻撃……P.191、マルウェア……P.201、
フィッシング……P.120、脆弱性……P.214、IoT……P.20

近年のサイバー攻撃やマルウェアは、非常に巧妙かつ多様化しています。それを象徴する存在として、ボット、ボットネット、C&Cサーバがあります。

ボット、ボットネットとは

マルウェアに感染すると、遠隔地から第三者にパソコンを自由に操られて不正を行われます。遠隔地からの命令に従い、不正活動を行うプログラムを「ボット（Bot）」と呼びます。

ボットはマルウェアの一種で、語源はロボット（Robot）です。ボットに感染したパソコンを「ゾンビ端末」「ゾンビコンピュータ」と呼ぶこともあります。ボットには、あらかじめ不正を働くプログラムが組み込まれており、外部の命令サーバから命令を受信して、感染活動の拡大や悪意ある不正活動を行います。

また、ボットは、世界中で感染を広げるとともに、何万台、何十万台という膨大な数の感染端末同士で不正活動を行うネットワーク基盤を構築します。これを「ボットネット（Botnet）」と呼びます。

C&Cサーバとは

ボットは、外部の命令サーバから命令（指示）を受信して不正活動を行います。このとき、ボットに命令を送るサーバを、「C&Cサーバ」または「C2サーバ」（コマンド＆コントロールサーバ）と呼びます。C&Cサーバ

Chapter 9 サイバー攻撃のしくみ②

は、ボットを束ねて一元的にコントロールする管理サーバとして存在します（図 9-9-1）。C&Cサーバを利用することで、攻撃命令を一斉にボットへ送信することが可能です。

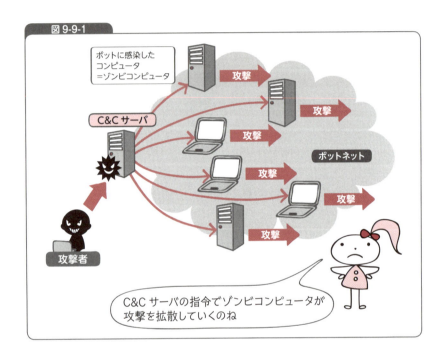

C&Cサーバとボット間の命令の送受信には、IRC（Internet Relay Chat）というチャットサービスがよく利用されます。ボットは、外部の指定されたIRCサーバの特定のチャンネルに接続し、そのチャンネルへの書き込みを定期的に監視することで、命令を受信します。

以前は、攻撃者によるIRCへの書き込みがボットへの指令として機能していたため、IRCサーバをC&Cサーバと呼んでいました。近年では、IRCサーバ以外にも、Web掲示板やTwitterなどのHTTP通信が悪用されることもあり、ボットに命令する不正サーバをC&Cサーバと総称します。また、ボットネットを飼い慣らされた羊に例えて、C&Cサーバを利用してボットネットを操る攻撃者を、羊飼いを意味する「ハーダー」と呼ぶこと

もあります。

　C&Cサーバに接続された世界中のボットは、攻撃命令を受信するとその内容に従い、スパムメールやフィッシングメールの送信、マルウェア拡散、DDoS攻撃などの不正活動を実行します。

ボットネットの目的

　ボットネットを管理・保有する攻撃者の多くは、自らのためにボットネットを悪用するのではなく、ボットネットによる攻撃サービスを提供することで金銭を儲けるビジネスを展開しています（図9-9-2）。このような不正行為をオンラインで提供するサービスを、SaaS（Software as a Service）に例えてCaaS（Cybercrime as a ServiceまたはCrime as a Service）と呼ぶこともあります。

　ボットネット運営事業者同士は、競い合うようにハッキングや攻撃などの不正なサービスを充実させています。自らが保有するボットネットを活用することで、DDoS攻撃を代行するサービスを提供し、不正行為を支援しています。実際に、近年、1Tbpsにも迫る大容量のDDoS攻撃によって米国の有名なセキュリティニュースサイトが攻撃された事件が発生していますが、この攻撃には数十万台に及ぶボットが悪用されたと言われています。

ボット感染の原因

　ボットへの感染は、端末に存在する脆弱性（セキュリティホール）が原因です。Windowsに限らず、LinuxやMacなどのUNIX系端末、近年、増加の一途をたどるIoTデバイスも同様です。IoTデバイスに対して感染を広げるボットの存在やDDoS攻撃も確認されています。

図 9-9-2

ボット感染を防ぐためのセキュリティ対策

　定期的なアップデートが実施されるWindowsに比べ、LinuxやMac、IoTデバイスは脆弱性に対するOSやソフトウェアの更新が頻繁に実施されないことがあり、放置された脆弱性を悪用されてボットの感染が拡散する危険があります。

　ボットへの感染を防ぐために、脆弱性に対する定期的なセキュリティアップデートを欠かさず実施することを心がけましょう。また、すでにネットワーク内の端末がボットに感染してしまっている場合、ボットはC&Cサーバから命令を受信しようと外部への通信を試みます。そのため、組織内に設置されているファイアウォールなどのセキュリティ製品に不審な外部通信が発生していないか、定期的に通信ログを確認することを推奨します。

Chapter 10

マルウェア、ウイルス、ランサムウェア

　マルウェアは、Malicious Software（悪意のあるソフトウェア）の略称です。ウイルス、スパイウェア、ボット、ランサムウェアなどが該当します。パソコンの流行期には愉快犯的なものが多かったマルウェアですが、今では、金銭目的のランサムウェアであったり、核施設を標的とした国家組織レベルのウイルスであったりと、脅威のレベルが進化しています。本Chapterでは、マルウェアとはどのようなものか、その対策について見ていきます。

10-1 オフィスソフトのマクロを悪用する
マクロウイルス

10-2 便利なソフトに見せかける
トロイの木馬

10-3 複製と感染を繰り返す
ワーム

10-4 身代金を狙う
ランサムウェア

10-5 感染しないために
マルウェア対策

Chapter 10 マルウェア、ウイルス、ランサムウェア

10-1 オフィスソフトのマクロを悪用する
マクロウイルス

keyword

マクロウイルスとは

　ワープロ文書、表計算文書に埋め込み、自動で処理を行う機能をマクロと呼びます。このマクロ機能を悪用し、マルウェアに感染させたりするウイルスを「マクロウイルス」と呼びます。

　以前は、ほとんどの場合、マクロが自動で実行されていたため、多くの人が被害にあいました。その後、ソフトウェアベンダーが、マクロの実行を確認する画面を用意したことで、マクロを実行するユーザが減り、マクロウイルスの感染者も減りました。しかし、最近、マクロウイルスを知らない世代がマクロを実行して感染するケースが増加しています（図10-1-1）。

10-1 マクロウイルス

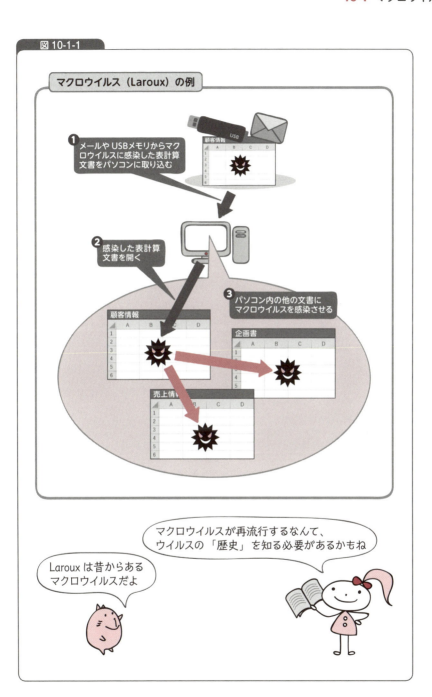

図 10-1-1 マクロウイルス（Laroux）の例

10-2 便利なソフトに見せかける トロイの木馬

トロイの木馬とは

「トロイの木馬」の多くは、便利あるいは有名なソフトウェアに見せかけることで、ユーザにインストールさせます。しかし、その背後でトロイの木馬がマルウェアを感染させたり、遠隔操作などをされたりする危険性が潜んでいます（図10-2-1）。トロイ戦争でギリシアが中に兵士を忍ばせた木馬を使ってトロイアを滅亡させたという伝説から、その名が付けられました。

有名なソフトウェアであっても、ダウンロード元が不明な場合は、インストールを避けましょう。

10-2 トロイの木馬

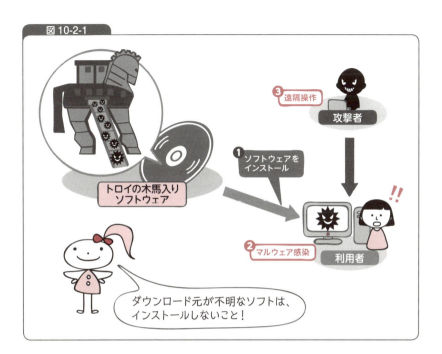

図 10-2-1

Chapter 10 マルウェア、ウイルス、ランサムウェア

10-3 複製と感染を繰り返す
ワーム

keyword

ウイルス対策ソフト……P.210、IDS/IPS……P.52

ワームとは

「ワーム」の特徴は、自己複製機能と自動感染活動機能を併せもつことです（図10-3-1）。ワームがいったんパソコンに感染すると、そのパソコンとネットワークなどでつながっているパソコンが存在するか確認し、存在すれば感染させます。そのため、非常に感染能力の高いマルウェアです。特にワームが検知された場合は、直ちにネットワーク（有線、無線）を切断（無効化）する必要があります。

感染経路には、ネットワーク以外にも、USBメモリ、メールなどがあります。ウイルス対策ソフト、IDS/IPS、デバイス管理ソフトなどで対応することが肝要です。

10-3 ワーム

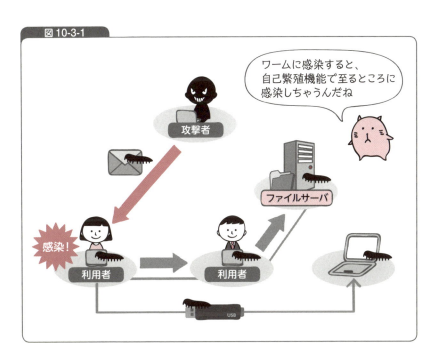

図10-3-1

10-4 身代金を狙う ランサムウェア

keyword
暗号化……P.70、復号……P.73

ランサムウェアとは

「ランサムウェア」は英語で「Ransomware」と記載します。つまり、Ransom（身代金）を要求するSoftwareのことで、マルウェアの一種です。ランサムウェアの特徴は、大きく2つあります。1つはパソコン自体をロックして使えなくすることで、もう1つは特定の種類のファイルだけを暗号化して使用不可にすることです（図10-4-1）。

> **COLUMN 仮想通貨について**
>
> 　身代金の送金には、現金ではなく、仮想通貨を指定することが多いようです。代表的な仮想通貨にビットコイン（単位：BTC）があります。攻撃者にとっては、仮想通貨のほうが「足がつきにくい」「送金に便利」などの利点があります。
> 　日本でもビットコインで支払いができる店も増えてきました。大手銀行でも仮想通貨を導入していこうという動きもあります。

10-4 ランサムウェア

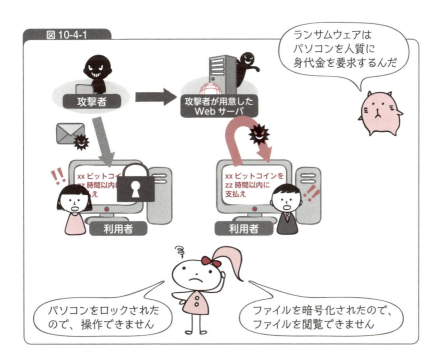

図 10-4-1

ランサムウェアに感染したときの対応策

ランサムウェアに感染してしまった場合、次のように対応します。

- バックアップからリカバリする。
- 身代金を払って、ロックを解除するか、または暗号化されたファイルを復号する（ただし、身代金を支払っても、ロックの解除やファイルの復号されないとの報告もある）。
- セキュリティベンダーやセキュリティ団体（ URL https://www.nomoreransom.org/ など）が提供するロック解除、ファイル復号ツールを利用する（提供されていない場合もある）。

Chapter 10 マルウェア、ウイルス、ランサムウェア

10-5 感染しないために
マルウェア対策

keyword
マクロウイルス……P.202、トロイの木馬……P.204、
ワーム……P.206、ランサムウェア……P.208、IDS/IPS……P.52、
ファイアウォール……P.260

マルウェアに感染しないためには

マルウェアによる被害を回避するためには、とにかく感染しないようにすることが重要です（図10-5-1）。

● マルウェアを検知・ブロックするしくみ

企業であれば、ファイアウォール、IDS/IPSなど、マルウェアを検知し、ブロックするようなしくみを導入することが有効です。

● ウイルス対策ソフトを導入する

「ウイルス対策ソフト」とは、ウイルスを検知して取り除くソフトウェアです。アンチウイルスソフトやワクチンソフトとも呼ばれます。

ウイルス対策ソフトは、既知のウイルスの特徴を定義した「パターンファイル」を使ってウイルスの検知を行います。パターンファイルは、ウイルス対策ソフトのベンダーから定期的に提供されるため、パターンファイルを更新しないと最新のウイルスやマルウェアを検知できない可能性もあります。

ウイルス対策ソフトをインストールし、パターンファイルを常に最新の状態に保つことが重要です。また、定期的にウイルスのスキャンを実行しましょう。

10-5 マルウェア対策

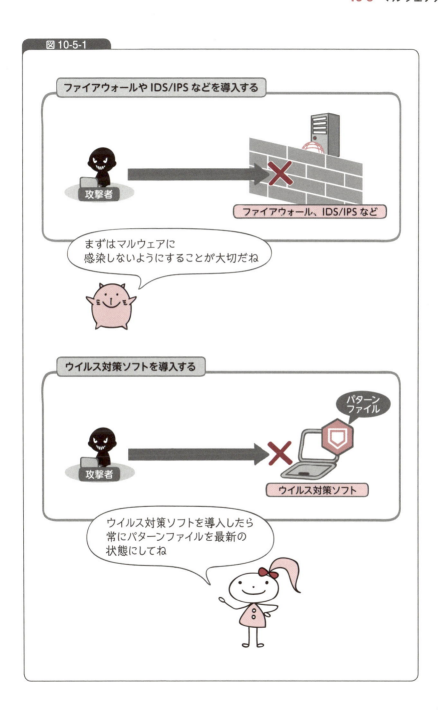

図 10-5-1

バックアップをとる

　マルウェアに感染すると、最悪の場合はパソコンなどが使えなくなる可能性があります。その場合は、パソコンを初期化するしかありません。初期化してもリカバリできるように、データのバックアップを定期的に行うようにしましょう。

　特に重要なファイルは、1台のハードディスクにバックアップするだけでなく、ランサムウェアによる暗号化などを回避するために、DVDメディアなどにもバックアップをコピーしておきます。ただし、この対策は非常に負荷と費用が高くなるので、重要なファイルとそうでないファイルを見極めて対処することが望ましいです。

怪しいファイルは開かない

　マルウェアに感染したファイルは、メールやUSBメモリ経由で送られてきたり、Webサイトに仕込まれていたりするため、怪しいファイルは開かないようにしましょう。次の点に注意してください。

- 知らない相手から送られてきたメールは開かない。
- 出所のわからないUSBメモリはパソコンに接続しない。
- メールに添付されたファイルやWebサイトからダウンロードしたファイルは、ウイルス対策ソフトでスキャンしてから開く。
- メール内の怪しいURLはクリックしない。
- 作成元がはっきりしないWebサイトをむやみに閲覧しない。また、「無料」などの甘言で誘うリンクをクリックしない。

Chapter 11

脆弱性は何が危ないのか

　昨今、脆弱性（Vulnerability）という言葉を耳にする機会が多くなってきました。最近では、ニュースや一般紙でも大きく報道されるようなケースも増えてきており、以前よりも脆弱性に対する関心が高まっています。
　本Chapterは、脆弱性とは具体的に何か、脆弱性に対して何をしなければならないのかを解説していきます。

11-1	セキュリティ上のリスクにつながる **脆弱性**
11-2	脆弱性の有無を調べる **セキュリティ診断**
11-3	脆弱性の危険度を表す **CVSS**
11-4	セキュリティインシデントを防ぐために **脆弱性への対応**

Chapter 11 脆弱性は何が危ないのか

11-1 セキュリティ上のリスクにつながる
脆弱性

keyword
SQLインジェクション……P.173、
クロスサイトスクリプティング……P.179、セキュリティインシデント……P.2

脆弱性（セキュリティホール）とは

簡単に表現すれば、「セキュリティ上のリスクにつながる（可能性のある）ソフトウェア製品の欠陥」のことを指します。SQLインジェクションやクロスサイトスクリプティングは、ソフトウェアの「脆弱性」です。

ここではあえて「ソフトウェア製品の欠陥」と表現しましたが、必ずしもソフトウェアに限った話ではありません。ハードウェアについても適用されます。

また、ソフトウェアやハードウェアの欠陥だけでなく、ITシステムの管理者による管理や設定の不備に対しても脆弱性という言葉が使われます。たとえば、ユーザ認証が必要なサービス（SSHなど）において推測が容易なパスワードが設定されていたり、Webサーバ上で本来公開してはいけないデータファイルが外部から閲覧できる場所に公開されていたりといったケースも、広義では脆弱性となります。

脆弱性が悪用されると、「システムへの不正侵入」や「システム内の機密情報の不正入手・改ざん」「システムの停止」などのセキュリティインシデントが発生し、被害を受けた企業や団体はその対応費用や風評被害などで大きな損失を被ることになります（図11-1-1）。

11-1 脆弱性

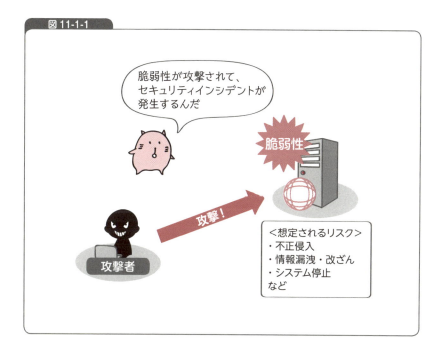
図 11-1-1

セキュリティパッチとは

　脆弱性を修正するための修正プログラムのことを指します（図11-1-2）。一般的に、ソフトウェアの欠陥を修正するための更新プログラムが「セキュリティパッチ」です。セキュリティパッチという言葉は知らなくても、「Windows Update」は聞いたことがあるかもしれません。Windows Updateで配信される更新プログラムにも、セキュリティパッチが含まれています。

　セキュリティパッチは、そのソフトウェアの提供元から定期的または不定期に配信されます。たとえば、Microsoftは、毎月第2火曜日（米国時間）にWindowsのセキュリティパッチを提供しています。

Chapter 11 脆弱性は何が危ないのか

図 11-1-2

脆弱性を識別するCVE

日々公表される脆弱性には、米国のMITREという非営利団体から識別子が付与されています。それが「CVE (Common Vulnerabilities and Exposures)」です。CVEを確認することにより、脆弱性情報を区別したり、セキュリティパッチがどの脆弱性に対応するものかを判別したりといったことが可能となります。

CVEは、「CVE-西暦-連番」で構成されており、どの年に公表されたものかを判別可能です（図 11-1-3）。たとえば、OpenSSL（オープンソースの暗号化ソフトウェア）の脆弱性である「Heartbleed」にはCVE-2014-0160と振られており、2014年に公表された脆弱性であると判断できます。

図 11-1-3

日本で脆弱性情報を提供する JVN

　日本でもCVEと同じように脆弱性を識別するための情報がJVN（Japan Vulnerability Notes）より提供されています。脆弱性識別番号と呼ばれるもので、脆弱性情報の性質によってJVN#、JVNVU#、JVNTA#などを先頭に付けた8桁の番号です。たとえば、Heartbleedには、JVNVU#94401838という番号が振られています。

　JVNは、日本で利用されている製品など、日本国内で影響が出る製品についての情報を主に提供しています（**表 11-1-1**）。国内で利用する場合に参考にするとよいでしょう。

Chapter 11 脆弱性は何が危ないのか

表11-1-1

番号	説明
JVN#＋8桁の番号	「情報セキュリティ早期警戒パートナーシップ」に基づいて調整・公表した脆弱性情報
JVNVU#＋8桁の番号	海外調整機関や海外製品開発者との連携により公表した脆弱性情報
JVNTA#＋8桁の番号	調整の有無にかかわらず、JPCERT/CCが発行する注意喚起

COLUMN 情報セキュリティ早期警戒パートナーシップとは

　日本国内で利用されているソフトウェア製品や、日本国内からのアクセスが想定されるWebアプリケーションに関する脆弱性情報を適切に取り扱い、対応するための枠組みです。「情報セキュリティ早期警戒パートナーシップガイドライン」に基づき、脆弱性を発見した人、ソフトウェアの開発者、Webサイトの運営者が互いに協力し、脆弱性に対応することで、不正アクセスの被害を抑制し、Webサイトの運営者や利用者の安全を守ります。

11-2 脆弱性の有無を調べる
セキュリティ診断

keyword

脆弱性……P.214、Webアプリケーション……P.44、
セキュリティインシデント……P.2

セキュリティ診断とは

　企業や団体が開発したアプリケーションやITシステムに既知および未知の脆弱性がないかをチェックしたり、実際にITシステムに侵入できるかを検証する診断（テスト）のことを指します（図11-2-1）。ここでは「脆弱性診断」や「ペネトレーションテスト」を含め、「セキュリティ診断」と総称します。

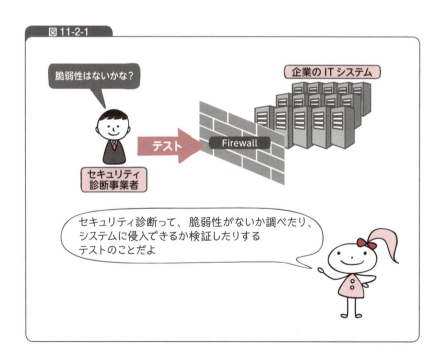

図11-2-1

Chapter 11 脆弱性は何が危ないのか

　前節で紹介した脆弱性は、広く一般的に使われているソフトウェアやハードウェアの脆弱性であり、提供元のベンダーや第三者によって発見され報告されるものがほとんどです。一方で、各企業や団体が独自に開発したアプリケーションやITシステムにも同様に脆弱性が潜んでいる危険性があります。NRIセキュアテクノロジーズ「サイバーセキュリティ：傾向分析レポート2016」によると、ここ数年、約30％のWebアプリケーションには危険度の高い問題点が潜んでいるという結果が出ています（図11-2-2）。こういった、広く販売しているソフトウェアやハードウェアではなく、個別に作り込んでいるアプリケーションやITシステムの問題点を洗い出したり、新たに発見したりするために、セキュリティ診断というテストが行われています。

　欧米ではこれらのテストを自社内の専門家が実施することが多いですが、日本ではセキュリティ診断を専門的に行っている事業者に外部委託するケースが多いようです。

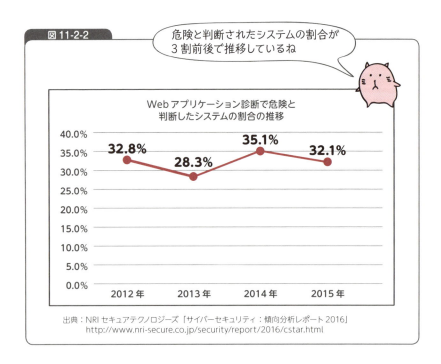

図11-2-2

危険と判断されたシステムの割合が3割前後で推移しているね

Webアプリケーション診断で危険と判断したシステムの割合の推移

出典：NRIセキュアテクノロジーズ「サイバーセキュリティ：傾向分析レポート2016」
http://www.nri-secure.co.jp/security/report/2016/cstar.html

11-2 セキュリティ診断

> **COLUMN　セキュリティ診断の用語**
>
> セキュリティ診断だけでなく、脆弱性診断、ペネトレーションテスト、さらにはセキュリティアセスメントや脆弱性スキャンなど、セキュリティ診断に関連する用語はたくさんありますが、どの表現が正しいのでしょうか。実はどれが正しいという決まりはありません。使う人によっても、その用語の定義が異なることが多く、必ずしも本書の定義で利用されているとも限りません。そのため、非常に扱いづらい用語（バズワード）ではありますが、これらの用語を利用する場合は、その前後の文脈や背景によってどの意味で利用されているのかをそのつど判断する必要があります。最初に認識を合わせておくことが一番望ましいですが、どの意味で利用されているかがわからない場合は、わからないまま話を進めてしまうより、すぐに確認したほうがよいでしょう。

セキュリティ診断のタイプ

セキュリティ診断には、その前提条件によっていくつかのタイプがあります。

● リモートタイプ／オンサイトタイプ

セキュリティ診断ではインターネット越しに実施するリモートタイプと、診断対象となる機器がある場所で同じネットワークから診断するオンサイト（またはローカル）タイプがあります。どちらを実施したほうがよいかは、どのような脅威を想定してセキュリティ診断を行いたいかにより決まります。インターネットからの攻撃を一番心配しているのであれば、リモートタイプを実施すべきでしょう。逆に、同じネットワークからの不正アクセス（内部犯行）を心配している、もしくはインターネットからのセキュリティ診断はすでに実施したことがあるのでもう一歩踏み込んでセキュリティ評価をしたい、という場合はオンサイト（ローカル）タイプがよいでしょう。

ブラックボックス／ホワイトボックス／グレーボックス

セキュリティ診断は、テストを行う人が事前に入手している情報のレベルによって次の 3 種類に分けられます。

- ブラックボックステスト：事前に対象となる組織や機器（IP アドレス）の最小限の情報だけを提供してもらい、実施する。
- ホワイトボックステスト：事前に対象となる組織や機器、アプリケーションなどの情報をすべて入手して行う。
- グレーボックステスト：ブラックボックスとホワイトボックスの中間で、限定された情報を提供してもらい、実施する。

一般的なセキュリティ診断は、ブラックボックスまたはグレーボックスで、診断対象となる機器の情報（IP アドレスなど）をある程度入手したうえで実施されます。アプリケーションの場合は、提供されたソースコードに対してテストを行うソースコード診断というホワイトボックステストもよく実施されます。

ハッカー（攻撃者）と同じ条件のブラックボックステストが最適か

筆者はセキュリティ診断を業務として日々行っていますが、ときどき「ハッカーと同じように、何の情報ももっていない状態からセキュリティ診断をするほうがフェアじゃないか」という意見を聞きます。ハッカー（攻撃者）の視点に合わせるという意味で非常に良い考え方ではありますが、実際にビジネスとして委託する場合、これは最適とは言えません。費用と時間が十分にある場合はそれもよいのですが、一般的にはグレーボックステストからホワイトボックステストを行うほうが効率が良いと考えています。なぜなら、時間をかけて調査すればわかる情報はいずれわかるものなので、事前に共有しておき、本当に技術力が求められる部分にのみ、セキュリティ診断担当者の作業を集中させることで、費用や期間を圧縮できるからです。また、攻撃者には時間的制約がありません。そのため、時間制約のあるセキュリティ診断をブラックボックステストで実施したとし

ても、必ずしも攻撃者と同じ条件にはならないのです。彼らはじっくりと時間をかけて調査できます。しかし、セキュリティ診断を業務委託する場合は、実施期間に応じて委託の費用は増え、自社内での対応業務や負荷も発生するため、どうしても実施期間をできるだけ短く抑える必要があります。そのため、攻撃者と条件を近づけるという意味でも、むしろグレーボックスやホワイトボックスのテストのほうが望ましいと言えます。

セキュリティ診断の対象

セキュリティ診断は基本的にはどのような対象にも実施できますが、一般的には次のものを対象に実施します（図 11-2-3）。

- Webアプリケーション
- サーバ／ネットワーク機器
- データベース管理システム（DBMS）
- 無線LAN
- スマートフォンアプリケーション
- その他電子機器

Webアプリケーションやサーバ／ネットワーク機器に対するセキュリティ診断が、一般的に行われているセキュリティ診断のほとんどを占めると言ってよいでしょう。最近ではスマートフォンアプリケーションに対するセキュリティ診断も増えてきており、IoTというコンセプトも流行していることから、インターネットと通信を行う機器であれば、車でも何でもセキュリティ診断の対象となります。つまり、その対象範囲は今後も広がり続けていくのです。

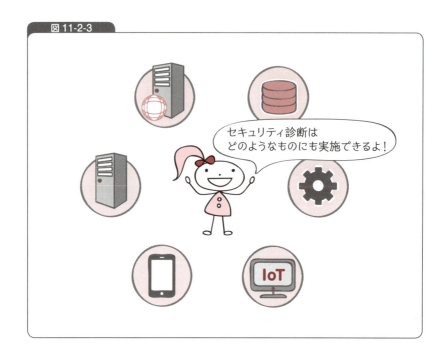

図 11-2-3

脆弱性診断とは

　セキュリティ診断の中で、「脆弱性」があるかどうかを洗い出すためのテストを「脆弱性診断」と呼びます（図 11-2-4）。脆弱性診断では、主に既知の脆弱性の情報や攻撃手法を用いて、脆弱性の有無を確認します。そのため、基本的には未知の脆弱性や攻撃手法を検出することはありませんが、一番狙われやすい既知の問題点を洗い出し、アプリケーションやITシステムにおいてセキュリティインシデントが発生するリスクを効果的に低減できます。

　また、「脆弱性が存在することを確認する」ところまでが目的であるため、その脆弱性を実際に悪用して攻撃するような危険性の高い作業は基本的には行いません。そのため、後述のペネトレーションテストに比べると、テストによってITシステムがダウンしてしまったり、データが変更されてしまったり、といったようなリスクは発生しにくいと言えます。

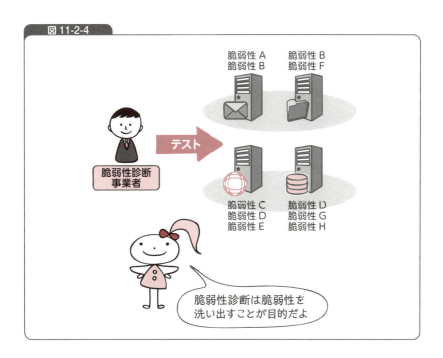

図 11-2-4

脆弱性診断は脆弱性を洗い出すことが目的だよ

　脆弱性診断は、ITシステムやアプリケーションを新たに構築した際や、健康診断のように定期的に実施するのが一般的です。一般的には年に1回実施することが多いようです。クレジットカード業界では、PCI DSS (Payment Card Industry Data Security Standard) という基準で年に4回（3ヵ月ごと）の実施が義務付けられています。

ペネトレーションテストとは

　脆弱性の存在を洗い出す脆弱性診断とは違い、実際に脆弱性を悪用してITシステムに侵入したり、機密情報を抜き出せるか検証したりするテストのことです（図 11-2-5）。そのため、脆弱性診断に比べると、対象システムに与える危険性が高く、ときにはシステムが停止してしまったり、データが意図せず変更されてしまったりといったリスクもはらんでいます。ただし、実際に脆弱性を利用して攻撃を試行するため、「セキュリティインシ

デントの被害につながる可能性がどのぐらいあるか」をより具体的かつ正確に把握することが可能となります。また、個別の脆弱性だけでなく、存在している複数の脆弱性を組み合わせることにより、実際にITシステムに侵入できることもあります。そういったITシステムが実際に攻撃された際のリスクをより正確に把握することが可能です。ただし、脆弱性診断とは異なり脆弱性を洗い出すわけではないため、すべての脆弱性が網羅されるわけではない点に注意してください。

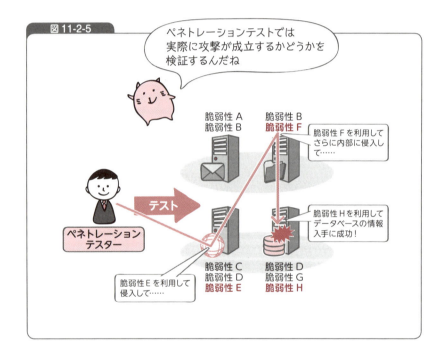

図11-2-5

ペネトレーションテストはシステムに与える影響が大きいため、事前にペネトレーションテスターと顧客との間で攻撃シナリオ（計画書）を作り、テスト内容について合意を形成しておくことが大切です。攻撃シナリオがない場合、テストの有効性を評価できないだけでなく、テスト中のシステムの安全を確保することもできなくなります。

ペネトレーションテストは脆弱性診断とは異なり、基本的には脆弱性診

断が実施済みであること（既知の脆弱性が洗い出されていること）が前提となっていることから、定期的に実施するのではなく、脆弱性診断からさらに踏み込んでセキュリティリスクを洗い出したいという先進的な企業などが、標的型攻撃のような特定の脅威を想定して実施したりすることが一般的です。ただし、クレジットカード業界のPCI DSSのように、年に1回の実施が義務付けられているケースでは定期的に実施されていることもあります。

CBEST：先進的なペネトレーションテストフレームワーク

　既存のペネトレーションテストでは、どうしても範囲が限定的になったり、実際に流行している攻撃手法とペネトレーションテストで実施できることとの差異が出てしまったりと、その効果に疑問がもたれることもありました。そこで、最近では「脅威分析（Threat Intelligence）とペネトレーションテストを連携させ、実際にインターネット上で行われている攻撃手法に合わせて攻撃シナリオを組み立て、テストを実施する」というテスト手法が先進的な企業で行われています。たとえば、イギリスでは英国銀行などの金融機関が主体となり、CBESTと呼ばれるペネトレーションテストフレームワークを作成しました。CBESTでは脅威分析の調査結果と実際に流行している攻撃手法を利用して攻撃シナリオを組み立て、実際に対象企業への侵入活動を行います。インターネットからの侵入リスクを評価するだけでなく、対象企業がどのようにそれらのテストに対応したかも評価します。現時点ではイギリスの金融機関や金融システムに影響を与える組織のみが対象であり、その実施も義務化されていませんが、いずれ他の国にも展開されたり、義務化されたりする日がくるかもしれません。

Chapter 11 脆弱性は何が危ないのか

11-3 脆弱性の危険度を表す CVSS

keyword
脆弱性……P.214、Webアプリケーション……P.44、
セキュリティインシデント……P.2、機密性……P.8、完全性……P.8、
可用性……P.8

CVSSとは

「CVSS（Common Vulnerability Scoring System）」は、米国のNIAC（National Infrastructure Advisory Council）の調査プロジェクトをもとに、FIRST（Forum of Incident Response and Security Teams）が管理母体となり開発した脆弱性の危険度を表すスコアリングシステムです。0から10までの数字で危険度を表し、0が最も危険度が低く、10が最も危険度が高いと判断されます。現在、2015年6月にリリースされたバージョン3が最新ですが、NVD（National Vulnerability Database）がバージョン2のスコア計算ツールを主として提供しているほか、クレジットカード業界のセキュリティ基準であるPCI DSSでもバージョン2のスコアの数値をもとに脆弱性の危険度の判定を行っているなど、バージョン2がいまだ広く使われています。

CVSSの活用方法

CVSSは新たに公表された脆弱性の危険度を把握するために有効な手段です。CVSSには次のスコアリング基準があります。

● CVSS Base Metrics基準

時間の経過やユーザの利用環境にかかわらず、脆弱性の本質的な特徴を

もとに危険度を評価する基準です。表 11-3-1 の区分（メトリクス）をもとにスコアを算出しています（バージョン 3）。

表 11-3-1

区分（メトリクス）	説明
Attack Vector	ネットワーク経由で攻撃可能かどうかを示す。Network（リモートから攻撃可能）、Adjacent（同一ネットワーク（物理的／論理的）から攻撃可能）、Local（攻撃のためには当該端末へのローカルアクセスが必要）、Physical（攻撃のためには当該端末への物理的なアクセスが必要）の値がある。
Attack Complexity	攻撃のための条件の有無を示す。Low（特別な条件は不要）、High（攻撃のために攻撃者の裁量範囲を超えた条件が必要）の値がある。
Privileges Required	攻撃時に認証の必要があるかどうかを示す。None（認証は不要）、Low（ユーザとして認証される必要がある）、High（管理者として認証される必要がある）の値がある。
User Interaction	攻撃時に被害者側の操作が必要かどうかを示す。None（不要）、Required（必要）の値がある。
Scope	攻撃時の被害の範囲を示す。Unchanged（攻撃を受けた範囲だけに被害が発生）、Changed（攻撃を受けたシステム以外にも被害が発生）の値がある。
Confidentiality Impact	機密性への影響度を示す。None（なし）、Low（小さい）、High（大きい）の値がある。
Integrity Impact	完全性への影響度を示す。None（なし）、Low（小さい）、High（大きい）の値がある。
Availability Impact	可用性への影響度を示す。None（なし）、Low（小さい）、High（大きい）の値がある。

● CVSS Temporal Metrics 基準

　ユーザの利用環境にかかわらず、脆弱性の特徴をもとに危険度を評価する基準です。Base Metrics と異なり、危険度は状況の変化によって異なります。表 11-3-2 の区分（メトリクス）をもとにスコアを算出しています（バージョン 3）。

Chapter 11 脆弱性は何が危ないのか

表 11-3-2

区分（メトリクス）	説明
Exploit Code Maturity	攻撃コードや手法が利用可能かどうかを示す。Not Defined（評価しない）、High（実用的な攻撃コードや手法が広く普及している）、Functional（多くの環境で動作するコードが利用可能）、Proof of Concept（検証用の攻撃コードが利用可能だが攻撃は現実的でない）、Unproven（攻撃コードは存在しない）の値がある。
Remediation Level	利用可能な対策のレベルを示す。Not Defined（評価しない）、Unavailable（対策なし）、Workaround（ユーザ独自のパッチ、回避策、緩和策など非公式の対策あり）、Temporary Fix（公式の一時的な対策あり）、Official Fix（公式のパッチや最新バージョンなどの対策あり）の値がある。
Report Confidence	脆弱性情報の信頼性を示す。Not Defined（評価しない）、Confirmed（詳細なレポートがあり、実用的な攻撃コードの生成が可能。実証可能な攻撃コードのソースコードが流通している、または開発者や提供元ベンダーが脆弱性の存在を認めている）、Reasonable（詳細な情報が公表されているが、確信できる状態ではない）、Unknown（脆弱性の存在を示す情報はあるが、未確認）の値がある。

● CVSS Environmental Metrics基準

　ユーザの利用環境も考慮に入れ、脆弱性の特徴をもとに危険度を評価する基準です。状況の変化とユーザの利用環境によって危険度は異なります。表 11-3-3 の区分（メトリクス）をもとにスコアを算出しています（バージョン 3）。

11-3 CVSS

表 11-3-3

区分(メトリクス)	説明
Confidentiality Requirement	ユーザ環境を考慮に入れた場合、機密性の毀損による影響の程度を示す。None(なし)、Low(限定的な影響)、Medium(深刻な影響)、High(破滅的な影響)の値がある。
Integrity Requirement	ユーザ環境を考慮に入れた場合、完全性の毀損による影響の程度を示す。None(なし)、Low(限定的な影響)、Medium(深刻な影響)、High(破滅的な影響)の値がある。
Availability Requirement	ユーザ環境を考慮に入れた場合、可用性の毀損による影響の程度を示す。None(なし)、Low(限定的な影響)、Medium(深刻な影響)、High(破滅的な影響)の値がある。
Modified Attack Vector	ユーザ環境を考慮に入れた場合、ネットワーク経由で攻撃か可能かどうかを示す。Network(リモートから攻撃可能)、Adjacent(同一ネットワーク(物理的/論理的)から攻撃可能)、Local(攻撃のためには当該端末へのローカルアクセスが必要)、Physical(攻撃のためには当該端末への物理的なアクセスが必要)の値がある。
Modified Attack Complexity	ユーザ環境を考慮に入れた場合、攻撃のための条件の有無を示す。Low(特別な条件は不要)、High(攻撃のために攻撃者の裁量範囲を超えた条件が必要)の値がある。
Modified Privileges Required	ユーザ環境を考慮に入れた場合、攻撃時に認証の必要があるかどうかを示す。None(認証は不要)、Low(ユーザとして認証される必要がある)、High(管理者として認証される必要がある)の値がある。
Modified User Interaction	ユーザ環境を考慮に入れた場合、攻撃時に被害者側の操作が必要かどうかを示す。None(不要)、Required(必要)の値がある。
Modified Scope	ユーザ環境を考慮に入れた場合、攻撃時の被害の範囲を示す。Unchanged(攻撃を受けた範囲だけに被害が発生)、Changed(攻撃を受けたシステム以外にも被害が発生)の値がある。
Modified Confidentiality Impact	ユーザ環境を考慮に入れた場合、機密性への影響度を示す。None(なし)、Low(小さい)、High(大きい)の値がある。
Modified Integrity Impact	ユーザ環境を考慮に入れた場合、完全性への影響度を示す。None(なし)、Low(小さい)、High(大きい)の値がある。
Modified Availability Impact	ユーザ環境を考慮に入れた場合、可用性への影響度を示す。None(なし)、Low(小さい)、High(大きい)の値がある。

Chapter 11 脆弱性は何が危ないのか

　これらのスコアリング基準を目的によって使い分けることにより、CVSSスコアをうまく利用できます。

　CVSS Base Metrics基準は、PCI DSSを含め、幅広く利用されています。

　次に頻繁に利用されるのがCVSS Temporal Metrics基準です。この基準には、Exploit Code Maturity（攻撃コードが出回っているか、どの程度確実に攻撃が成立するのか）、Remediation Level（対策方法が確立されているか）、Report Confidence（脆弱性が報告されている情報の信憑性）という要素が含まれており、脆弱性に対応する際に非常に実用的な観点で構成されています。

　CVSS Environmental Metrics基準は、評価を行う際に特定の環境における危険度を算出できることから、自社にとってどの程度危険であるかを判別するために利用できます。

CVSSスコアの問題

　CVSSの扱いには注意が必要です。NVDなどの組織が自身で算出したスコアを公表していますが、前述の表で見たとおり、各メトリクスの値が3～4個のレベルにしか分けられていないこと、そのレベルの判断は不変的なものではなく判断する人によってブレがあることから、ときには矛盾した結果や実際のリスクとかけ離れた数字になることがあります。

　たとえば、Heartbleedについて、NVD上はCVSS Base Metrics基準で5.0というスコアを公表しています。一方、そのすぐあとに公表された「CCS Injection」という脆弱性については、実際の被害がほとんどないのにもかかわらず、6.8というスコアが公表されています。このように、実際の危険性とCVSSスコアは必ずしも一致しないことに注意する必要があります（図11-3-1）。

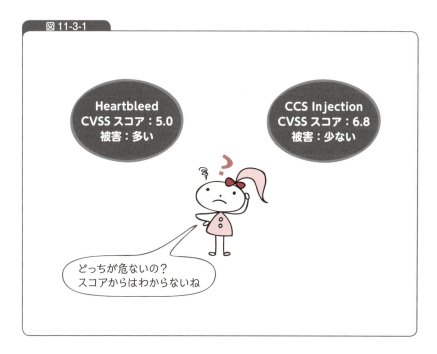

図 11-3-1

　CVSSバージョン2では、Access Complexity（攻撃のための条件）やConfidentiality Impact（機密性への影響）、Integrity Impact（完全性への影響）、Availability Impact（可用性への影響）などのメトリクスにおいて、実態と異なるスコア計算が行われているケースをよく見かけました。また、バージョン2では、これらの影響を表すメトリクスの値がNone（なし）、Partial（部分的）、Complete（全体）という3種類しかなかったため、ほぼ全体に影響がある場合でも部分的と判断し、実態とかけ離れたスコアになるケースもよくありました。

　CVSSバージョン3では、Access Complexityが細分化され、Attack Complexity、Privileges Required、User Interactionの3つで評価されるようになったため、この点は改善が期待されます。ただし、影響に関するメトリクスの値は、表現はNone（なし）、Low（低い）、High（高い）に変更になったものの、引き続き3段階しかないため、同じような矛盾や不整合を生み出す可能性はあります。

Chapter 11 脆弱性は何が危ないのか

　このようにCVSSスコアはそのまま鵜呑みにするには若干の問題がありますが、簡易的に脆弱性の危険度を確認するには有用なスコアリングシステムです。CVSSスコアのもととなる各メトリクスの値を確認し、自分自身で評価することも忘れないようにしながら利用しましょう。

11-4 セキュリティインシデントを防ぐために
脆弱性への対応

keyword
脆弱性……P.214、セキュリティパッチ……P.215、
CVSS……P.228、ゼロデイ攻撃……P.162

定期的なセキュリティパッチの適用

　具体的にどのように脆弱性を取り扱えばよいのでしょうか。基本的にはセキュリティパッチを定期的に適用し、脆弱性をなくしていくことで問題を解消できます。

　ただ、個人で利用しているパソコンなどでは問題ありませんが、企業が運用しているITシステムのサーバ群が対象となると、セキュリティパッチを適用することも簡単ではありません。セキュリティパッチを適用したあとにITシステムに影響が出ないかどうかを事前に確認しておく事前テストが必要です。また、多くの場合、セキュリティパッチを適用する際にはサーバやサービスの再起動が必要になります。その際、ITシステムを停止させたり、冗長構成となっているサーバをいったん切り離したりといった追加作業が発生します。リアルタイム処理が求められる株取引システムやシステム停止が売上に直結するショッピングサイトなど、システム停止による影響が大きい場合には、停止が伴う作業はできるだけ避けたいところです。そのため、一般的には、各企業の担当者は、脆弱性情報を確認したあと、セキュリティパッチ適用の緊急度をそのつど判断することになります。

セキュリティパッチの緊急度の判断

　では、どのようにセキュリティパッチの緊急度を判断するのでしょうか。対応する脆弱性のCVSSスコアを見るだけでは不十分です。CVSSスコ

Chapter 11 脆弱性は何が危ないのか

アはあくまで脆弱性の危険性を簡易的にスコアリングしただけのものであり、用途もパッと見たときにある程度の危険性レベルを判断する（高いのか、低いのか程度）というところにとどめておきます。たとえば、NVDのサイトでは表11-4-1のように、CVSSスコアの危険度のランクを定めています。

表 11-4-1

危険度	CVSSスコア
High	7.0 〜 10.0
Medium	4.0 〜 6.9
Low	0.0 〜 3.9

この表に合わせて、たとえばCVSSスコアが4.0以上（危険度がMedium以上）かどうかにより追加調査の要否を見極めるという大雑把な仕分けに使うほうがよいでしょう。

どのように判断するか。

では、危険度がMedium以上であったら、追加調査はどうすればよいのでしょうか。たとえば、脆弱性情報に対して図11-4-1のように判断を行うことができます。

11-4 脆弱性への対応

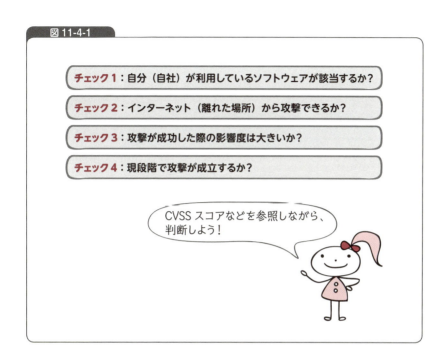

図11-4-1

- チェック1：自分（自社）が利用しているソフトウェアが該当するか？
- チェック2：インターネット（離れた場所）から攻撃できるか？
- チェック3：攻撃が成功した際の影響度は大きいか？
- チェック4：現段階で攻撃が成立するか？

CVSSスコアなどを参照しながら、判断しよう！

　各チェックについては、CVSSスコアのもとになるメトリクスを確認すれば、判断を行うための情報を得られます（図11-4-2）。

　たとえば、CVSS Base Metrics基準のAttack Vectorを見れば、チェック2を判断できます。このメトリクスの値が「Network」や「Adjacent」以外であれば、さほど緊急ではないと判断できるでしょう。チェック3については、脆弱性情報の詳細を読み解いていく必要があります。脆弱性の多くは「○○○にバッファオーバーフロー脆弱性」のように、タイトルからどのような被害が発生するかを想定できるので、実際にはそれほど難しいことではありません。脆弱性の詳細が明らかになっていなかったり、「○○○の複数の脆弱性」のように情報がまとめられていたりといった厄介なケースの場合は、ソフトウェア提供元のサポート窓口に問い合わせましょう。サポート窓口がなければ、CVSSスコアを含め、ソフトウェア提供元の情報以外にもインターネット上の情報や各種コミュニティの情報を頼りに自分で判断します。

Chapter 11 脆弱性は何が危ないのか

図11-4-2

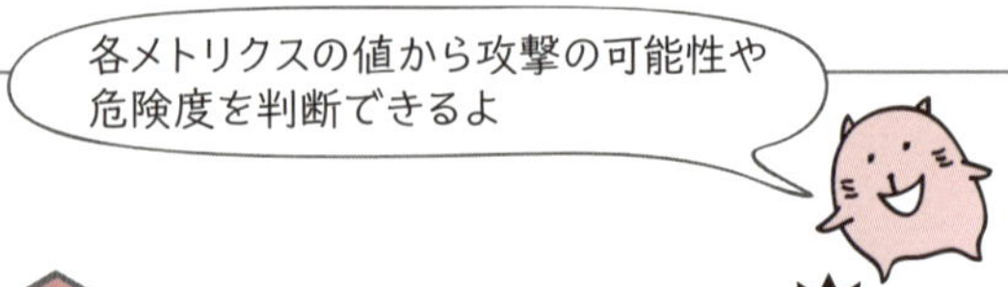

各メトリクスの値から攻撃の可能性や危険度を判断できるよ

メトリクス	低い ←		→ 高い	
		危険度		
Attack Vector	Physical	Local	Adjacent	Network
Exploit Code Maturity	Unproven	Proof of Concept	Functional	High
Attack Complexity	High			Low
Privileges Required	High	Low		None
User Interaction	Required			None

　チェック4「現段階で攻撃が成立するか」では、まずCVSS Temporal Metrics基準のExploit Code Maturityを確認します。「攻撃コードがどの程度出回っているのか、その攻撃コードの完成度は高いのか」などを判断可能です。

　次に、CVSS Base Metrics基準のAttack Complexity、Privileges Required、User Interactionを参照します。

- Attack Complexity：「攻撃の難易度」を確認できる。Highであれば、実際に攻撃される可能性は高くない。Lowであれば、緊急性が高く対応が必要である。
- Privileges Required：「攻撃のために認証を通過しなければいけないか」を確認できる。Highの場合は管理者権限が必要であり通常は攻撃が成立する可能性は低い。Noneの場合は攻撃を成立させるために認証が不要であるため、緊急性が高く、対応が必要である。

- User Interaction：「攻撃者は他者の協力や操作が必要か」を確認できる。Noneの場合は緊急度が高い。

このようにメトリクスを確認することで、攻撃が成立するかどうかを判別可能です。厳密に言えばケースバイケースの判断になりますが、一般的にはこれらのうち1つでも攻撃が困難になるメトリクスがあれば、緊急性は低いと考えられます。そして、これらのチェックをすべて通過した脆弱性には、セキュリティパッチの適用など緊急での対応が必要です。

セキュリティパッチを適用するタイミング

セキュリティパッチはどのタイミングで適用すればよいのでしょうか。一般論としてはケースバイケースであり、システムに求められるリアルタイム性やビジネスへの影響度、利用者への影響などを勘案して個別に判断することになります。ただし、近年、脆弱性情報の公表から実際に攻撃を受けるまでの間隔が短くなっており、脆弱性情報の公表当日に攻撃が検出される例も少なくありません（ゼロデイ攻撃）。そのため、最近ではビジネスに多少影響があってもセキュリティパッチの適用を優先する企業が増えている傾向があります。

セキュリティパッチを適用するタイミングは、たとえば、PCI DSSでは、危険度の高い脆弱性の場合、セキュリティパッチの公開から1ヵ月以内に適用することが要求されています。しかし、最近の攻撃動向から考えると1ヵ月は遅すぎます。図11-4-1のチェックをすべて通過するような危険度の高い脆弱性については、可及的速やかにセキュリティパッチを適用することが望ましいと言えます。それ以外については、該当するものであれば速やかに適用すべきですが、月次メンテナンスなどの保守のタイミングに合わせるケースが多く、それが最も効率が良いと考えられます。

Chapter 11 脆弱性は何が危ないのか

> **COLUMN　脆弱性情報を公表するうえでのモラル**
>
> 　近年、セキュリティ専門企業のブランディングや知名度アップのためか、実際にはさほどリスクがない理論的な脆弱性であっても大々的に公表したり、「情報セキュリティ早期警戒パートナーシップ」の手順を踏まずに危険な脆弱性を先に公開するなど、脆弱性情報を利用して世間の耳目を集めようとする傾向があります。しかし、そういう脆弱性が公表されるたびに、企業のITセキュリティ担当者やシステム開発者は経営層のプレッシャーを背中に受けつつ、あぶら汗をかきながら、脆弱性の影響調査に奔走することになります。脆弱性情報を受け取る側の適切な対応も重要ですが、脆弱性情報を送り出す側の適切な対応も同時に求められます。

Chapter 12
インシデントに対応するために

近年、複雑化、巧妙化したサイバー攻撃により、国家機密の漏洩、溶鉱炉の爆発など、各地でさまざまな被害が報告されています。セキュリティインシデントの発生を100％抑えるのは不可能です。そのため、インシデントが発生する前提での準備、対処の必要性が高まっています。本Chapterでは攻撃の影響を最小化するような準備・対処活動を紹介します。

12-1 被害を最小限にするための組織
CSIRT

12-2 インシデントの発生から事後対応まで
インシデントレスポンス

12-3 デジタル鑑識
デジタルフォレンジック

Chapter 12 インシデントに対応するために

12-1 被害を最小限にするための組織

CSIRT

keyword
セキュリティインシデント……P.2

CSIRTとは

「CSIRT」（「シーサート」と読む）は、Computer Security Incident Response Teamの略称で、セキュリティインシデントの被害を最小限にすることを目的として活動する組織です。明確な規格があるわけではなく、部署である必要もありません。身近なものでは消防団に例えることができます。

CSIRTの活動

発生したインシデントに対応するチームと思われる場合もありますが、インシデントが発生する前にも予防活動などを行います（図12-1-1）。

12-1 CSIRT

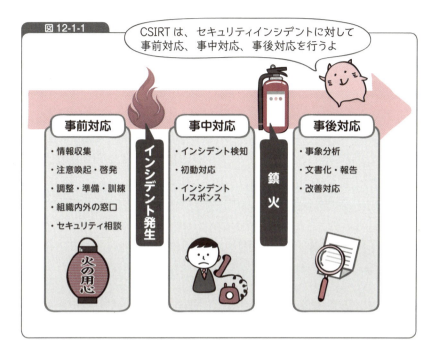

図12-1-1

消防団の活動で例えると拍子木を打って、注意喚起をします。他の消防団（CSIRT）や消防署（外部専門団体）から情報を集めて啓発活動も行います。定期的に火災訓練などを行い、本番に備えます。火災が起きればすぐに初期消火、そして消防署と連携して、最後に再発防止策を打ち出します。このようにインシデントに、備えて、対処して、再発防止を行うという流れが活動の柱です。

CSIRTの組織内での役割とメリット

CSIRTの役割は次のとおりです。

- インシデント情報を社内で一元的に管理する。
- 事故受付窓口を統一する。
- 指示系統を統一する。

Chapter 12 インシデントに対応するために

- 対外的な窓口を統一する。
- 外部組織と連携する。

社内外に向け統一された窓口をPOC（Point Of Contact）と呼びます。

これらの役割により、社内の混乱を避け、インシデントの早期解決を目指します。また事故情報を一手に引き受けるため、知見をためやすく、再発防止に役立てることが可能です。CSIRTがある場合とない場合のイメージを図12-1-2に示します。

> **COLUMN　消防署？ 消防団？**
>
> 　CSIRTは消防署に例えられることも多いです。しかし、少し考えてみてください。体力のある大企業であれば社内にハシゴ車、ポンプ車、化学車、レスキュー隊などを備えることは可能かもしれません。残念ながらすべての企業・団体がそこまでの機能をもつことは難しいでしょう。完璧を求めすぎず、まずは自分たちでできる消防団をもち、消防署のような外部の専門機関と連携できる体制を整えることが第一歩です。それを絶えず改善させていき、消防署を目指す心意気があれば、さらにすばらしい組織ができることでしょう。

12-1 CSIRT

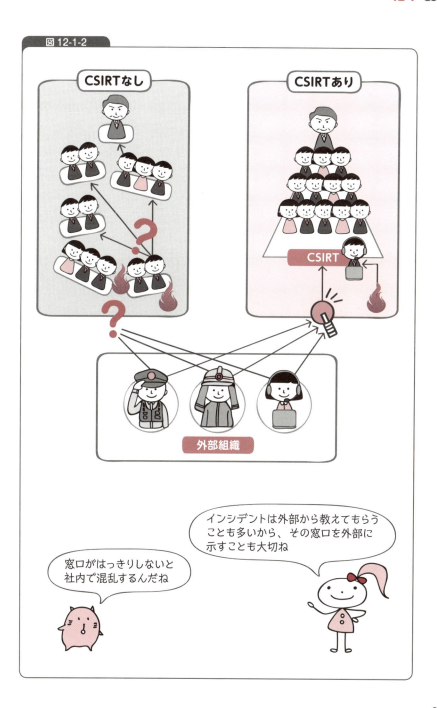
図 12-1-2

ヒヤリハット

インシデントに対する知見をためることで、重大な障害の防止に役立てることが可能です。1件の重大な事故の陰には29件の比較的小さな事故、300件の「ヒヤリハット」（事故にはならないが、ヒヤリとしたり、ハッとしたりする事例）があると言われます（図 12-1-3）。重大事故の防止のためには、事故が予想されるヒヤリハットの時点で対処することが重要です。社内外のヒヤリハットを一元的に集めて対処できることも、CSIRTの大きなメリットと言えます。

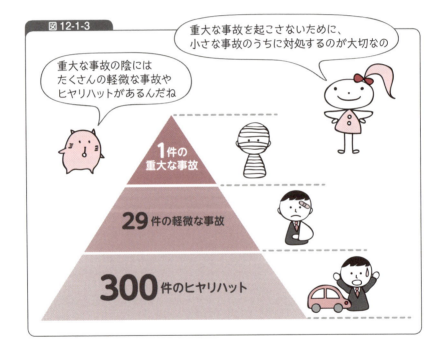

図 12-1-3

CSIRTの構築のポイント

企業や団体により個性があるため、同業他社を真似てCSIRTを作ればよいというものではありません。まずは自分たちにとって本当に重要なもの

は何かを見極めます。そしてそれを守るために、今の自分たちができる範囲で背伸びをせず、最善の対策ができる組織を小さなところから始めることがポイントです。

> **COLUMN** 真夜中の恐怖の電話
>
> 　ある寝苦しい夏の夜のこと。担当者はいつものように夜勤の平穏な時間をすごしていました。するとどうでしょう。社内ネットワークにどうもおかしな動きがあるではありませんか。担当者はどうせいつものセキュリティ対策機器の誤検知だろうと思いながらも、いろいろと調査しました。その結果、数分もしないうちに、会社の機密情報に不審なアクセスがあることが判明しました。彼は青ざめます。はっきりと情報漏洩が確認されたわけではありませんが、流出すれば会社が傾きかねない情報への不正アクセスです。
> 　「誰にどんな報告をすればいいんだ!! 上司？ 役員？ 社長？ 報告の方法は？ メールだと気づいてもらえない。真夜中に電話してもいいものだろうか？ はっきり被害が確認されていないのに電話して、機嫌を損ねたり、査定に響いたりはしないだろうか？ それとも、何も報告しないことを責められるのだろうか？」
> 　真夜中の電話の前で彼は恐怖に震え続けました。
> 　このようなことを起こさないために、CSIRTを構築する際にはさまざまなインシデント対応ルールを整備することが大切です。どこにどのような被害があったら、誰にどのような手段で報告するなどです。
> 　ちなみに自然災害に備える場合には、衛星電話を用意してまで、いついかなるときでも社長に必ず連絡がとれるように体制を整える企業もあります。情報セキュリティ分野でここまでの対策はなかなかとられないのが現状です。セキュリティインシデントでも自然災害以上の被害は起こり得るのです。

Chapter 12 インシデントに対応するために

12-2 インシデントの発生から事後対応まで
インシデントレスポンス

keyword
セキュリティインシデント……P.2、CSIRT……P.242、
マルウェア……P.201、DoS攻撃……P.186、DDoS攻撃……P.191

　ここではインシデントレスポンスとその前後に必要となるさまざまな対応について説明します。CSIRTの活動では、インシデントの発生から事後対応までに該当します。

レスポンス、ハンドリング、マネジメント

　「インシデントレスポンス」に似た言葉で、「インシデントハンドリング」や「インシデントマネジメント」などがあります。CSIRTの活動でそれぞれを図示すると図12-2-1のとおりです。

　インシデントマネジメントの活動を指して、インシデントレスポンスと表現する場合もあります。大切なのは表現や定義ではなく、被害を最小限にすることです。書籍などで表現が異なっていても枝葉にこだわって混乱することなく、「いろいろな表現があるのだな」と解釈してください。

12-2 インシデントレスポンス

図 12-2-1

Chapter 12 インシデントに対応するために

> **対応の全体図**

インシデントの検知から収束までの活動をさらに詳しく図示すると、図12-2-2 のようになります。

図12-2-2

インシデントが発生したら、検知から初動、レスポンス、事後と順を追って対応していくよ

1. インシデント検知
   1) 異常検知
   2) 通報
   3) 連絡受付
   4) 状況確認

2. 初動対応
   1) 状況把握
   2) トリアージ
   3) 一時対処

3. インシデントレスポンス
   1) 事象分析
   2) 対応計画
   3) 証拠保全
   4) 復旧・回復

4. 事後対応
   1) 事後分析
   2) 文書化
   3) 報告
   4) 改善対応

インシデント検知

組織の内外で何かおかしいぞと、誰かが気づきます。すると通報がCSIRTなどに入り、インシデントが受け付けられます。情報を共有したあと、報告者に状況確認を実施し、初動対応チームに報告が上がります。

初動対応

報告を受け、さらなる情報収集、事実確認を行います。その後トリアー

ジと呼ばれる事象の選別、対応の優先順位付けを行います。そして事象発生箇所に次のような一時対処を行います。

- マルウェア感染：該当端末をネットワークから切断する。
- システム侵害：不正通信の遮断、パスワードの変更を行う。
- DoS/DDoS攻撃：攻撃対象からのアクセスを制限する。

インシデントレスポンス

まず事象の整理・分析を行い、経営層や関係部署にも連絡し、連携します。分析結果から対応計画を練り、必要であれば外部の専門業者に協力を要請します。発生事象の原因調査のためのデータを保存したうえで、事象の根本対処、復旧を行います。事象が再現されないことを確認できたら、事後対応へと移ります。

事後対応

事後分析を行い、被害の範囲を確認し、原因の追究などを行います。それを文書化して報告、改善の対応まで実施して、インシデン対応は完了となります。

インシデント対応のフロー

インシデント対応の流れを平時に策定し、書面に打ち出しておくことが大切です。フローの確認・改善を繰り返し、対応チーム内の誰が対応しても、同じような対応ができるように訓練を重ね、品質を高めることが重要になります。対応フローの例を図 12-2-3、図 12-2-4 に示します。

Chapter 12 インシデントに対応するために

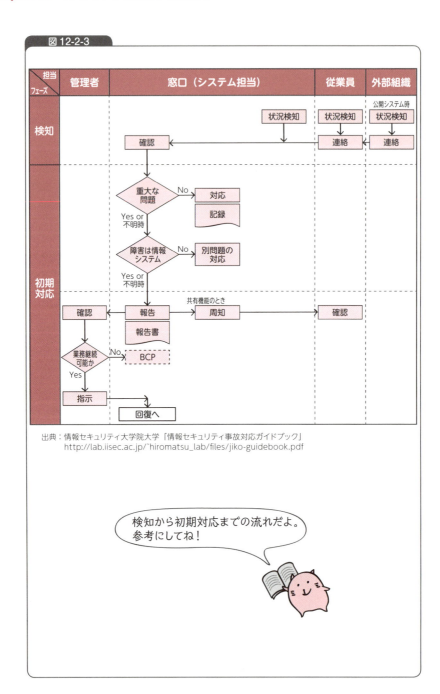

出典：情報セキュリティ大学院大学「情報セキュリティ事故対応ガイドブック」
http://lab.iisec.ac.jp/~hiromatsu_lab/files/jiko-guidebook.pdf

12-2 インシデントレスポンス

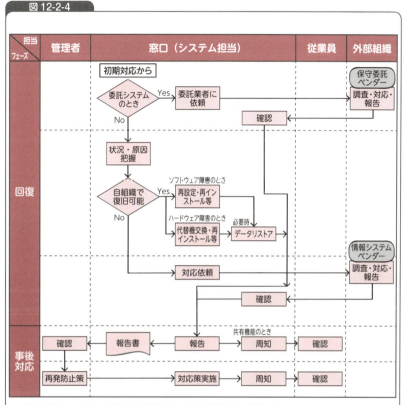

図 12-2-4

出典：情報セキュリティ大学院大学「情報セキュリティ事故対応ガイドブック」
http://lab.iisec.ac.jp/~hiromatsu_lab/files/jiko-guidebook.pdf

回復から事後対応までの流れはこんな感じ！

Chapter 12 インシデントに対応するために

> **COLUMN　バックドラフトとお金と私**
>
> 　ある日マンションの隣のお宅から煙が漏れているのを発見し、何も考えず救出に向かいました。鍵がかかっていない窓を開け、大声で呼びかけましたが、まったく反応がなかったため、人はいないと判断して必死に避難しました。結局コンロの消し忘れが原因の留守中の火事で、幸いにもけが人は1人もいませんでした。
>
> 　実はこの直前に、バックドラフトという事象を扱う映画を観ていました。某テーマパークでもお馴染みの、火事の際に急に空気が入り込むと爆発するというものです。実際にはなかなか起こりにくいものらしいですが、映像で恐怖が脳裏に焼きついているはずなのに、窓を開ける瞬間にバックドラフトをまったく思い出しませんでした。
>
> 　それ以外にも、避難の際にやってはいけないとされている「おはしも」をすべて行っていました。押すし、走るし、しゃべるし、戻りました。財布と通帳と印鑑は大事かなとそのときに思ってしまい、走って家の中に戻りました。平常時であればお金よりも、命のほうが何倍も大事だとすぐに判断できますが、緊急時にはおかしな判断をしてしまいました。知っていることと、できることはまったく違うと思い知らされた思い出です。
>
> 　インシデントの現場でも、これと同じようなことが起こりがちです。どう対処すればよいかを知っていてもそのとおりにはなかなか動けず、やってはいけないことをやってしまうのが現実です。
>
> 　知っていること、やったことがあること、できること。それぞれに大きな壁があります。普段から訓練を重ね、有事のときまでにインシデントレスポンスを「できること」にしておきたいものです。

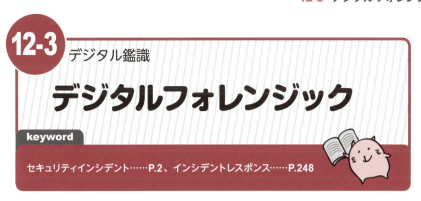

12-3 デジタル鑑識
デジタルフォレンジック

keyword
セキュリティインシデント……P.2、インシデントレスポンス……P.248

デジタルフォレンジックとは

ひと言で表すとデジタル鑑識です。誰が、何を、何のために、いつ操作したのかなどを法的な証拠として採用されるレベルで分析する技術です。

インシデント対応におけるデジタルフォレンジックの役割は、インシデントの原因の調査や被害の特定、そして再発防止に役立てることです（図 12-3-1）。

図 12-3-1

Chapter 12 インシデントに対応するために

デジタルフォレンジックを例えると？

身近なもので例えるなら、食中毒が発生したときの原因究明活動のようなものです。メモリやハードディスクやネットワーク上の情報、時刻情報、OSの構成ファイル、ログファイルなどを集めて、原因調査と被害範囲の特定を行います（図 12-3-2）。

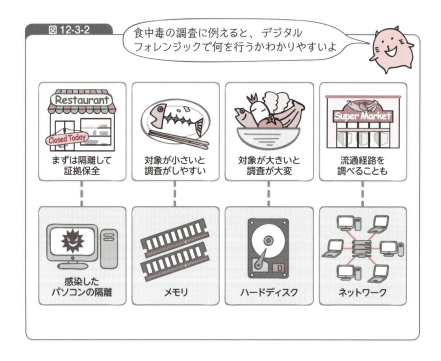

図 12-3-2　食中毒の調査に例えると、デジタルフォレンジックで何を行うかわかりやすいよ

食中毒の場合、感染拡大を防ぐためにまずは店舗を閉めます。食中毒が出た食器だけの調査で済むのであれば対象が小さいため行いやすく、店舗の食糧庫が大きいほど調査は難解になります。食糧庫に鍵がかかっている場合は難易度がさらに増します。なお、食材に追跡可能なロット番号が付いていると調査は行いやすくなります。

セキュリティインシデントの場合、感染拡大を防ぐために、まずはパソコンを隔離します。近年はハードディスクが大容量化しており、さらに暗

号化されている場合があるため（＝倉庫が大きいうえに施錠されている）、メモリのフォレンジック（＝食器の調査）が有効との見解もあります。食材のロット番号に当たるのはネットワーク上の機器が認識している時刻です。時刻がずれていたり、改ざんされていたりすると調査は行いにくくなります。

デジタルフォレンジックの際に注意すべき点

感染したパソコンを隔離したうえ、専門家の到着まで何もしないことが重要です。不要と思われるファイルの消去、ウイルス自体の消去、OSの再インストールなどを安易に行わないことが原因究明の成功の鍵となります。パソコンが異常をきたした際に行いがちなことが、デジタルフォレンジックの妨げになることがあるため、注意が必要です。

デジタルフォレンジックを行うのは誰？

一般的な会社でデジタルフォレンジックのすべてを担うのは無理があります。体制を整えようとすると、費用が見合わないことが予想されます。自分たちで行える範囲を認識し、重要度によって外部の専門業者と連携することが必要です。

すべてのインシデントにデジタルフォレンジックが必要？

すべてのインシデントに対して、デジタルフォレンジックを行うのは現実的ではありません。初動対応の際に重要度を見極め、インシデント対応計画策定の際に実施するか否かを決定します。予算や人員に限界があるため、軽微なものでもすべてに対応するわけにはいきません。

Chapter 12 インシデントに対応するために

> **COLUMN** サイバー犯罪者による証拠隠滅に負けない
>
> 犯罪の証拠を得るために、警察関係者はデジタルフォレンジックの技術を駆使し日々捜査をしています。さまざまな努力の結果、犯罪者を追い詰めるわけですが、犯罪者も必死です。操作の手が及んできたと感じると、いろいろと手を打ちます。データの改ざんや消去、ときにはランサムウェアに感染させて、証拠の隠蔽を図ります。警察関係者はこういった妨害工作にも負けず、OSの解析やデータの復元、時刻に基づく解析などで証拠をつかみます。世界的に見て高い検挙率を誇る日本の警察には頭が下がるばかりです。

セキュリティ対策のしおり

これまでにさまざまなサイバー攻撃について見てきました。本Chapterでは、それらの攻撃に対するセキュリティ対策の基本として、ファイアウォールの設置方法などについて説明します。もし、この世の中にファイアウォールがなければ、インターネットに公開している外部サーバと内部のネットワークとの境界がなくなり、危険にさらされることになります。

13-1 どこに配置するかが重要
ファイアウォールとIDS/IPS

13-2 複数の手段で守りを固める
多層防御

Chapter 13 セキュリティ対策のしおり

13-1 どこに配置するかが重要
ファイアウォールとIDS/IPS

keyword

IDS/IPS……P.52、VPN……P.106、フォールスネガティブ……P.54

ファイアウォールとは

「ファイアウォール」は「防火壁」という意味です。簡単に言うと危険と思われる特定の通信をブロックするソフトウェアがファイアウォールであり、サーバにインストールして運用します(アプライアンスタイプのファイアウォールもある)。企業内LANなどをサイバー攻撃から守るためには、ファイアウォールの導入は必須です。

ファイアウォールには、大きく2種類に分けられます。

IPパケットフィルタリング

送られてくるIPパケット内の宛先IPアドレス、送信元IPアドレス、宛先ポート番号、送信元ポート番号、プロトコルなどを参照します。あらかじめ設定された情報と比較して、正常なパケットであると判断すればファイアウォールを通過させ、不正なパケットと判断すれば遮断します。

ステートフルインスペクション

ダイナミックパケットフィルタリングとも呼ばれます。通信(セッション)の状態を把握し、たとえば企業内から発信したパケットの応答として返されるパケットであれば通過させます。通常の通信以外に異常なプロトコルの通信を検知したり、一方的に大量のパケットを送りつけられたりし

た場合は、遮断します。

現在は、ファイアウォールを凌駕するNGFW（Next-Generation Firewall、次世代ファイアウォール）と呼ばれる製品も販売されています。NGFWは、ファイアウォール機能に加え、IPS機能、アプリケーション制御機能、VPN機能などを備えています。

ファイアウォールとDMZ

企業では、社内LANなどは企業内だけで運用しますが、Webサーバやメールサーバなどは企業外にも公開しなければなりません。当然ながら、後者のほうが攻撃を受ける可能性は高くなります。もし、Webサーバが攻撃を受けたら、企業内だけで運用しているシステムにも飛び火するかもしれません。

そのため、被害を最小限に抑えられるように、外部に公開するWebサーバはDMZに配置し、社内LANなどはファイアウォールで厳重に外部から隔離します（図13-1-1）。「DMZ（DeMilitarized Zone）」は「非武装地帯」と訳されます。外部のネットワークと企業内のネットワークの中間に位置するネットワークのことです。

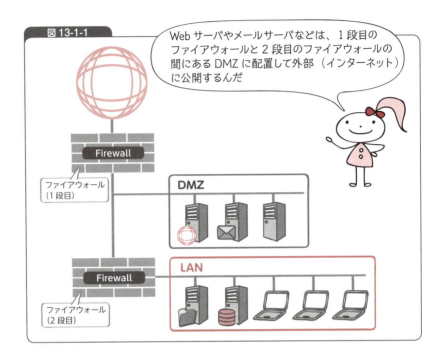

IDS/IPSの配置

　より万全を期すためには、IDS/IPSの設置を検討しましょう。図13-1-2にIDS/IPSの配置例を示します。

　IDS/IPSにはネットワーク型とホスト型がありますが、図13-1-2はネットワーク型の例です。

　ネットワーク型IDSはネットワーク上のパケットを収集し、不審なパケットを検知しますが、攻撃が成功したかどうかの判断はできません。一方、ホスト型IDSは、不正なパケットや異常な挙動を検知し、攻撃が成功したことを判断できます。ただし、監視するサーバにソフトウェアをインストールするため、その分負荷が高まります。

　IPSは、不正なパケットや異常な挙動を遮断し、攻撃を止めます。そのために、フォールスネガティブが発生しないように、事前検証が必須となります。

13-1 ファイアウォールとIDS/IPS

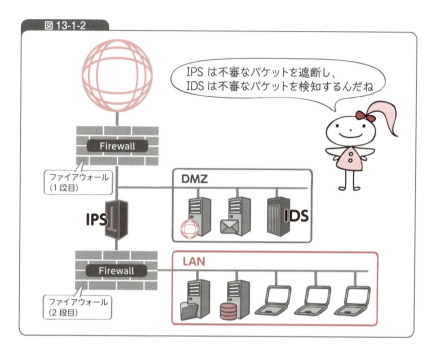

図 13-1-2

Chapter 13 セキュリティ対策のしおり

13-2 複数の手段で守りを固める
多層防御

keyword
ファイアウォール……P.260、ウイルス対策ソフト……P.210、
WAF……P.56、IDS/IPS……P.52、暗号化……P.70、
脆弱性……P.214、バックドア……P.157

多層防御のススメ

　以前は、外部からの攻撃に対しては、ファイアウォールで防御するのが常識でした。そして、内部ではウイルス対策ソフトで十分でした。しかし、攻撃方法の多様化・高度化に伴い、1種類の防御方法だけでは対処できないことが明らかになっています。つまり、1層だけで防御できないため、多層で防御する方向に世の中がシフトしているのです。

　多層防御の例を図13-2-1に示します。

外部からの攻撃を防ぐ

　まずは、ファイアウォールにより、単純で直接的な攻撃を防ぎます。
　WAFは、Webサイトへの不正アクセスや改ざんを防ぎます。
　メールに関して、不正な文字列が含まれていないか、悪意のあるファイルが添付されていないかどうかを確認するのがメールフィルタリングです。
　IDS/IPSでは、不正なネットワークパケットの検知・防御を行います。

情報漏洩の被害を防ぐ

　ファイルサーバ、データベースサーバでは、ファイルや重要なデータの暗号化を行います。暗号化を行うことで、たとえ情報が漏洩したとしても、攻撃者は難読化された暗号文を理解することはできません。

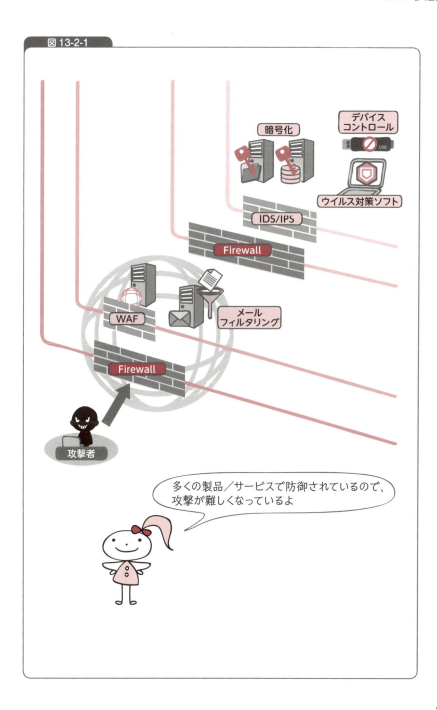
図 13-2-1

Chapter 13 セキュリティ対策のしおり

● クライアントの保護

　クライアントには、ウイルス対策ソフトの導入が必須です。最近のウイルス対策ソフトはスイート製品になっており、振る舞い（ヒューリスティック）検知、パーソナルファイアウォール機能、Webレピュテーション機能なども備えています。Windows OSには標準でWindowsファイアウォールやウイルス対策ソフト（Windows Defender）がありますが、より高機能な市販のウイルス対策ソフト製品の導入をお勧めします。

開発時のセキュリティ対策

　アプリケーションを自社で開発する際にも、セキュアコーディングやリバースエンジニアリングなどにより、脆弱性を作り込まないように注意する必要があります。

● セキュアコーディング

　セキュアプログラミングとも呼びます。脆弱性となりやすい関数、メモリ操作などを禁止し、使用方法を統一して取り決め、それに従ってプログラムを作成することです。プログラマ全員がセキュアコーディングを行うと、アプリケーションのセキュリティ強度が格段に高まります。

　実際にWebアプリケーションのセキュリティ診断を行うと、セキュアコーディングを実施している場合と実施していない場合では格段の差が現れます。

　セキュリティ関連の団体では、セキュアコーディングについて資料提供やトレーニングを実施しています。情報を収集してみましょう。

- JPCERT/CC： URL https://www.jpcert.or.jp/securecoding/
- IPA： URL https://www.ipa.go.jp/security/awareness/vendor/programming/

- SANS: URL https://sans-japan.jp/

リバースエンジニアリング

　プログラムとして認知して動作する「もの（プログラム）」をアセンブラ言語（プログラムを動作させるための言語）レベルまで戻して（リバースして）、解析・解読することを「リバースエンジニアリング」と呼びます。リバースエンジニアリングは、たとえば、仕様書がなかったり、開発者がすでに退職していたりするアプリケーションに対して実施します。

　リバースエンジニアリングを行うと、プログラムの挙動原理がわかるだけでなく、プログラムに埋め込まれたバックドアを検出できることもあります。また、稀に、プログラム中にパスワードがコーディングされていることが判明する場合もあります。攻撃者も、リバースエンジニアリングにより、脆弱性の有無を確認することがあります。

　あなたが使用しているプログラムは、本当に大丈夫ですか？

付録：参考資料

参考図書

- **『インシデントレスポンス 第3版』**
  （Jason T. Luttgens、Matthew Pepe、Kevin Mandia著、政本憲蔵監訳他、日経BP社）
  インシデントとは何か、具体的にどのような対応をすればよいかなどの答えがあります。

- **『実践CSIRT 現場で使えるセキュリティ事故対応』**
  （リクルートテクノロジーズ著、日経BP社）
  CSIRTの必要性、重要性に気づきます。現場での対応事例あり。

- **『セキュリティ 最強の指南書』**
  （日経NETWORK編、日経BP社）
  日頃疑問に思うITセキュリティをやさしく解説しています。

- **『ITインフラマガジン 徹底理解セキュリティ』**
  （日経NETWORK、日経SYSTEMS編、日経BP社）
  ITインフラエンジニアが知っておくべき技術、情報、事例などがわかりやすく説明されています。

- **『あなたのセキュリティ対応間違っています』**
  （辻伸弘著、日経BP社）
  インシデントの真相や対策をやさしく解説しています。

- **『サイバーセキュリティテスト完全ガイド』**
  （Peter Kim著、八木橋優、前田優人、美濃圭佑監修・翻訳他、マイナビ出版）
  ペネトレーションテストの実施方法などを解説しています。

- **『ハッカーの学校』**
  （IPUSIRON著、データ・ハウス）
  ハッカーがサイバー攻撃をしかける手段を解説しています。

- **『マスタリングTCP/IP 情報セキュリティ編』**
  （齋藤孝道著、オーム社）
  TCP/IPに関するセキュリティを基礎から丁寧に解説しています。

- **『Webセキュリティ担当者のための脆弱性診断スタートガイド』**
  （上野宣著、翔泳社）
  Webアプリケーション診断で「診断する側」と「診断を受ける側」がWin-Winの関係になるよう解説しています。

- **『徳丸浩のWebセキュリティ教室』**
  （徳丸浩著、日経BP社）
  講義を受けるような感覚で読んでいける楽しい本です。

- 『インフラエンジニア教本2』
  (技術評論社編集部編、技術評論社)
  「ログを読む技術」と「セキュリティログを読む技術」は必読です。
- 『[改訂新版] プロのためのLinuxシステム構築・運用技術』
  (中井悦司著、技術評論社)
  Linuxセキュリティエンジニアに必要なスキルを習得できます。
- 『Windows/Linuxのトラブル追跡実践ノウハウ』
  (林憲明、服部正和、山口聖、松坂謙太郎、岩田季之、辻裕樹著、リックテレコム)
  Windows/Linuxトラブルシューティングの実践的スキルを習得できます。
- 『楽しいバイナリの歩き方』
  (愛甲健二著、技術評論社)
  サンプルの解析手法があり、読み物に近い「楽しさ」があります。
- 『事例から学ぶ情報セキュリティ─基礎と対策と脅威のしくみ』
  (中村行宏、横田翔著、技術評論社)
  事例を紹介しながら、検証し、解説しています。

参考Webサイト

- JPCERT/CC URL https://www.jpcert.or.jp/
- 情報処理推進機構(IPA) URL https://www.ipa.go.jp/
- US-CERT URL https://www.us-cert.gov/
  いずれも、注意喚起や脆弱性情報の提供、セキュリティインシデント報告の受付を行う組織です。
- 情報セキュリティ事故対応ガイドブック(情報セキュリティ大学院大学)
  URL http://lab.iisec.ac.jp/~hiromatsu_lab/sub07.html
  ガイドブックやチェックシートなどのダウンロードが可能です。
- @police(警察庁) URL https://www.npa.go.jp/cyberpolice/
  注意喚起、脆弱性情報、セキュリティ定点観測情報を提供します。
- 日本ネットワークセキュリティ協会(JNSA)
  URL http://www.jnsa.org/
  情報セキュリティに関わる諸問題の解決を目的とした組織です。
- Japan Vulnerability Notes(JVN) URL https://jvn.jp/
  脆弱性関連情報とその対策情報を提供します。

- フィッシング対策協議会　URL https://www.antiphishing.jp/
  フィッシング詐欺に関する情報の収集・提供などを行います。
- 日本シーサート協議会　URL http://www.nca.gr.jp/
  迅速な問題解決のためにチームの連携体制の実現化を目指します。
- セキュリティホールmemo
  URL http://www.st.ryukoku.ac.jp/~kjm/security/memo/
- piyolog　URL http://d.hatena.ne.jp/Kango/
- Krebs on Security　URL https://krebsonsecurity.com/
  セキュリティ全般に関するまとめサイトです。
- NVD　URL https://nvd.nist.gov/
  脆弱性データベースのサイトです。
- Vulnerability Notes Database
  URL http://www.kb.cert.org/vuls/
  JVNの米国版です。
- Security Focus　URL http://www.securityfocus.com/
  脆弱性情報のサイトです。
- CVE（MITRE）　URL https://cve.mitre.org/
  脆弱性情報（CVE）の閲覧や検索が可能です。
- Exploit DB（Offensive Security）
  URL https://www.exploit-db.com/
  エクスプロイトコードを入手できるサイトです。
- PhishTank（OpenDNS）　URL https://www.phishtank.com/
  フィッシングサイトの検索や登録ができます。
- VirusTotal（Google）　URL https://www.virustotal.com/
  疑わしいファイルやURLを分析するサイトです。
- aguse（アグスネット）　URL https://www.aguse.jp/
- urlQuery　URL http://urlquery.net/
  URLやメールヘッダーを入力し、関連情報を表示します。
- NO MORE RANSOM!　URL https://www.nomoreransom.org/
  ランサムウェア情報と復号ツールを提供します。

INDEX

英数字

3DES	77
AES	78
C&Cサーバ	197
CA	91, 93
CaaS	199
Cookie	46
CSIRT	4, 242
CVE	216
CVSS	228
DBD攻撃	136
DDoS攻撃	191
DES	77
DMZ	261
DNS	31
DNSアンプ攻撃	194
DNSキャッシュポイズニング	36
DNSサーバ	33, 35
DOM型（クロスサイトスクリプティング）	182
DoS攻撃	186
EAP	115
EV SSLサーバ証明書	102
FQDN	31
HTTP	43, 57
HTTPS	99
IaaS	17
ICMP	146
ICMPフラッド攻撃	187
IDS/IPS	52, 260
IEEE 802.1X認証	115
IMAP	39
IoT	20
IP	29
IPsec-VPN	107
IPアドレス	31
IPパケットフィルタリング	260
JVN	217
LAND攻撃	188
MD4/MD5	87
MDM	11
OSI参照モデル	25, 28
PaaS	17
Ping of Death攻撃	188
PKI	93
POP	39
RAT	158
RSA	82
SaaS	17
SHA-1/2/3	88
SMS	14
SMTP	39, 41
SMTP-AUTH	41
SNS	13
SQLインジェクション	44, 173
SSH	48
SSHポートフォワーディング	50
SSID	112, 114
SSL/TLS	95, 99
SSL-VPN	108
TCP	29
TCP SYNフラッド攻撃	187
TCP/IP	27
TCPポートスキャン	146
Teardrop攻撃	188
UDP	29
UDPポートスキャン	146
VPN	106
WAF	56
Webアプリケーション	44
Webサイトの改ざん	134
WEP	113
Wi-Fi	111
Wiフィッシング	131
WPA/WPA2	113
XSS	179

271

あ行

- アカウント……………………………… 60, 90
- アクセスポイント………………………… 111
- アノマリ型（IDS/IPS）………………… 53
- 暗号化……………………………… 22, 70
- 暗号化アルゴリズム ……………………… 71
- 暗号化キー ……………………………… 112
- インシデントレスポンス……………… 4, 248
- インターネットVPN …………………… 106
- ウイルス対策ソフト ………………… 4, 210
- エクスプロイト ………………………… 150
- エクスプロイト攻撃タイプ …………… 188
- エクスプロイトコード ………………… 151
- エスケープ処理 ………………………… 184
- オープンリレー ………………………… 41
- オンサイトタイプ（セキュリティ診断）… 221

か行

- 改ざん …………………………………… 134
- 鍵 ………………………………………… 72
- 可用性 …………………………………… 8
- 完全修飾ドメイン名 …………………… 31
- 完全性 …………………………………… 8
- 偽陰性 …………………………………… 54
- 機密性 …………………………………… 8
- 脅威 ……………………………………… 5
- 偽陽性 …………………………………… 54
- 共通鍵 …………………………………… 75
- 共通鍵暗号 ……………………………… 74
- クライアント証明書 …………………… 97
- クラウド ………………………………… 16
- グレーボックステスト ………………… 222
- クロスサイトスクリプティング……… 179
- 公開鍵 …………………………………… 79
- 公開鍵暗号 …………………………… 79, 91

さ行

- サーバ証明書 …………………………… 96
- サービス妨害攻撃 ……………………… 186
- サンドボックス ………………………… 166
- シグネチャ型（IDS/IPS）……………… 53
- 事後対策 ………………………………… 2
- 辞書攻撃 ………………………………… 65
- 事前対策 ………………………………… 2
- 情報資産 ………………………………… 5
- ステートフルインスペクション……… 260
- ストア型（クロスサイトスクリプティング）… 181
- スピアフィッシング …………………… 125
- スマートフォン ………………………… 10
- スミッシング …………………………… 127
- 脆弱性 …………………………… 6, 36, 214
- 脆弱性診断 ……………………………… 224
- 生体認証 ………………………………… 62
- セキュアコーディング ………………… 266
- セキュリティインシデント …………… 2
- セキュリティ診断 ……………………… 219
- セキュリティパッチ ……………… 4, 215, 235
- セキュリティホール …………………… 214
- セッション鍵 …………………………… 83
- セッション管理 ………………………… 45
- セッションハイジャック ……………… 46
- ゼロデイ攻撃 …………………………… 162
- ソーシャルエンジニアリング………… 120

た行

- 楕円曲線暗号 …………………………… 82
- 多層防御 ………………………………… 264
- タブレット ……………………………… 10
- 中間者攻撃 ……………………………… 103
- デジタルフォレンジック …………… 4, 255
- 電子証明書 ……………………………… 90
- トップレベルドメイン ………………… 32
- ドメイン名 ……………………………… 31

INDEX

ドライブ・バイ・ダウンロード攻撃	136
トロイの木馬	204

な行

名前解決	33
なりすまし	13, 100, 121
二要素認証	14, 62
認証	14, 90
認証局	91, 93
ネットワーク型（IDS/IPS）	52

は行

ハイブリッド暗号	83
パスワード	68
パスワード攻撃	65
パスワードリスト攻撃	66
パターンファイル	210
バックドア	7, 157
ハッシュ関数	85
バッファオーバーフロー	168
ビッシング	126
非武装地帯	261
秘密鍵	79
ヒヤリハット	246
ファーミング	130
ファイアウォール	4, 55, 260
フィッシング詐欺	120
フォールスネガティブ	54
フォールスポジティブ	54
復号	73
踏み台	138, 192
プライバシー侵害	14
ブラックボックステスト	222
ブラックリスト方式（WAF）	58
フラッド攻撃	187
ブルートフォース攻撃	65
プロトコル	24

分散型サービス妨害攻撃	191
平文	70
ペイロード	151
ペネトレーションテスト	225
ホエーリング	126
ポート	145
ポートスキャン	144
ポート番号	30
ホスト型（IDS/IPS）	52
ホスト名	32
ボット	197
ボットネット	197, 199
ホワイトボックステスト	222
ホワイトリスト型セキュリティ対策	167
ホワイトリスト方式（WAF）	58

ま行

マクロウイルス	202
マルウェア	132, 201, 210
水飲み場型攻撃	141
無線LAN	111
メール	39

ら行

ランサムウェア	208
リバースエンジニアリング	267
リバースブルートフォース攻撃	66
リフレクト型（クロスサイトスクリプティング）	182
リポジトリ	94
リモートタイプ（セキュリティ診断）	221

わ行

ワーム	206
ワンタイムパスワード	63

著者プロフィール（掲載順）

中村 行宏（なかむら ゆきひろ）　担当 Chapter 1、5、10、13

1975年生まれ。SIベンダーにて、システム開発・構築に携わりつつ、社内のインフラを担当。その後、大手外資系セキュリティ診断（ネットワーク、Webアプリケーション、データベース）、官公庁、通信キャリア、金融機関などのセキュリティ診断を実施。また、ウイルスアウトブレイク時の調査・対策のコンサルティングを経験。現在は、某セキュリティベンダーにて、セキュリティリサーチを実施。

四柳 勝利（よつやなぎ かつとし）　担当 Chapter 2、4-2、4-3

1975年生まれ。大手コンサルティングファームや外資系セキュリティベンダーにて官公庁や大手企業に対するセキュリティオペレーションセンター（SOC）の立ち上げ、フォレンジックを含むインシデントレスポンス、セキュリティシステム設計・導入分野を中心にセキュリティコンサルティングに従事。現在はその経験を活かし、A10ネットワークス株式会社において、セキュリティソリューションの開発やアライアンスを中心にセキュリティビジネス開発をリードする。

田篭 照博（たごもり てるひろ）　担当 Chapter 3、4-1

アプリケーションエンジニアとして主にWebアプリケーションの開発に7年間従事。その後、セキュリティエンジニアに転身し、セキュリティ診断（プラットフォーム、Webアプリケーション、スマートフォンアプリケーション、ソースコード）やセキュリティ関連のコンサルティングといった業務に従事している。最近ではブロックチェーンが秘める可能性に魅力を感じ、ブロックチェーンのセキュリティやブロックチェーンを活用したセキュリティビジネスに思いを馳せている。

黒澤 元博（くろさわ もとひろ）　担当 Chapter 6、7

ストーンビートセキュリティ株式会社、シニアセキュリティエンジニア。SIベンダーにて、大手製造業、大手化学メーカー、教育機関向けに認証基盤システム、IEEE 802.1X認証システムの設計・構築・導入業務を担当。2011年からは認証局サービスを提供する外資系ベンダーにてセキュリティコンサルティング業務に従事。現在はストーンビートセキュリティにおいて、ログ解析製品、エンドポイントセキュリティ製品の設計・構築・導入業務のかたわら、ログ分析官としても日々奮闘中。

林 憲明（はやし のりあき） 担当 Chapter 8

学生時代の就業体験先にて、マクロウイルス被害に遭遇。それをきっかけに2002年、トレンドマイクロ株式会社へ入社。有償技術支援業務、メンバーマネジメントを経験。1年間の米国勤務から帰国後、国内専門のウイルス解析機関を経て、先端脅威研究組織へ異動。現在はテクノロジーやユーザの調査／分析にとどまらず、サイバー犯罪者が何を狙い、計画しているかに注目し、備えるべき技術の方向性立案を担当している。

佐々木 伸彦（ささき のぶひこ） 担当 Chapter 9

ストーンビートセキュリティ株式会社、代表取締役、チーフセキュリティアドバイザー。国内大手SIerにて、セキュリティ技術を中心としたシステムの提案、設計、構築などに10年ほど従事。2010年に外資系セキュリティベンダーへ入社、セキュリティエバンジェリストとして脅威動向や攻撃手法の調査・研究、普及啓発に尽力したあと、2015年より現職。セキュリティコンサルティングを中心にトレーニングの講師など幅広く活躍中。CISSP、CISA、LPIC-3 Security。

矢野 淳（やの じゅん） 担当 Chapter 11

1975年埼玉県生まれ。ソフトウェア開発者を経て、2002年からペネトレーションテスターとして多数のシステムの脆弱性診断やペネトレーションテストを行う。2007年にNRIセキュアテクノロジーズ株式会社に入社後、ペネトレーションテスターとして業務を行い、グループマネージャとしてペネトレーションテストグループのマネジメントに従事する。2016年6月より、同社北米支社にてManagerとしてコンサルティング事業に従事している。

伊藤 剛（いとう たけし） 担当 Chapter 12

ストーンビートセキュリティ株式会社、シニアセキュリティコンサルタント。大手SIer、外資系セキュリティベンダーを経て2015年より現職。SIer向けセキュリティトレーニング、CSIRT構築トレーニング、一般社員向けセキュリティ意識改革セミナー講師などを担当している。

- 装丁
  斉藤よしのぶ
- カバーイラスト／本文デザイン／レイアウト／本文イラスト
  近藤しのぶ
- 編集
  坂井直美
- 担当
  取口敏憲
- 本書サポートページ
  https://gihyo.jp/book/2017/978-4-7741-8807-2
  本書記載の情報の修正・訂正・補足については、当該Webページで行います。

■お問い合わせについて

本書に関するご質問については、本書に記載されている内容に関するもののみとさせていただきます。本書の内容と関係のないご質問につきましては、一切お答えできませんので、あらかじめご了承ください。また、電話でのご質問は受け付けておりませんので、FAXか書面にて下記までお送りください。

〈問い合わせ先〉
〒162-0846
東京都新宿区市谷左内町21-13
株式会社技術評論社　雑誌編集部
「【イラスト図解満載】情報セキュリティの基礎知識」係
FAX：03-3513-6173

なお、ご質問の際には、書名と該当ページ、返信先を明記してくださいますよう、お願いいたします。お送りいただきましたご質問には、できる限り迅速にお答えできるよう努力いたしておりますが、場合によってはお答えするまでに時間がかかることがあります。また、回答の期日をご指定なさっても、ご希望にお応えできるとは限りません。あらかじめご了承くださいますよう、お願いいたします。

【イラスト図解満載】
情報セキュリティの基礎知識

2017年 3月 8日　初版　第1刷発行
2023年 1月21日　初版　第4刷発行

著　者　中村 行宏、四柳 勝利、田篭 照博、黒澤 元博、林 憲明、佐々木 伸彦、矢野 淳、伊藤 剛
発行者　片岡 巖
発行所　株式会社技術評論社
　　　　東京都新宿区市谷左内町21-13
　　　　TEL：03-3513-6150（販売促進部）
　　　　TEL：03-3513-6177（雑誌編集部）
印刷・製本　図書印刷株式会社

- 定価はカバーに表示してあります。
- 本書の一部あるいは全部を著作権法の定める範囲を超え、無断で複写、複製、転載あるいはファイルを落とすことを禁じます。
- 造本には細心の注意を払っておりますが、万一、乱丁（ページの乱れ）や落丁（ページの抜け）がございましたら、小社販売促進部までお送りください。送料小社負担にてお取り替えいたします。

©2017　中村 行宏、四柳 勝利、田篭 照博、黒澤 元博、林 憲明、佐々木 伸彦、矢野 淳、伊藤 剛
ISBN978-4-7741-8807-2　C3055
Printed in Japan